早安！我的植物邻居

GOOD
MORNING! THE NEIGHBOURIN

颜展敏 著

SPM
南方出版传媒
新世纪出版社
·广州·

图书在版编目（CIP）数据

早安！我的植物邻居 / 颜展敏著. —广州：新世纪出版社，2014.7（2022.12重印）
（自然观察）
ISBN 978-7-5405-8571-6/01

Ⅰ. ①早… Ⅱ. ①颜… Ⅲ. 植物—少儿读物 Ⅳ. ①Q94-49

中国版本图书馆CIP数据核字（2014）第090641号

出 版 人：陈少波
策划编辑：王 清 秦文剑
责任编辑：秦文剑 黄诗琪
责任技编：王 维
封面设计：高豪勇
绘 图：梁小武

早安！我的植物邻居
Zao' an Wo de Zhiwu Linju

出版发行：新世纪出版社
（广州市大沙头四马路12号2号楼）
经 销：全国新华书店
印 刷：天津画中画印刷有限公司
规 格：787mm × 1092mm
开 本：16
印 张：14
字 数：150千
版 次：2014年7月第1版
印 次：2022年12月第12次印刷
定 价：32.00元

质量监督电话：020-83797655
购书咨询电话：020-83781537

软枝黄蝉
三色堇
山楂
蛇莓
石斛兰
石榴花
石竹
鼠曲草
天竺葵
睡莲
酸浆果
天胡荽
茼蒿
万寿菊
芫荽
五星花
五爪金龙
虾衣花
夏堇
向日葵
橡胶榕
蝎尾蕉
绣球花
悬铃花
鸭跖草
一串红
一品红
益母草
柚子花
羽毛花
玉簪花
鸳鸯茉莉
朱顶兰
朱槿
紫藤
紫雪茄花

序

人，时刻离不开植物

人类一刻也离不开植物。粮食、蔬菜、水果、药材、家具、油料、淀粉、芳香油、蜂蜜、油脂、树脂、树胶、鞣料、色素、纤维、染料、饲料等等，都来自植物。即使是人类所吃的肉，归根到底，也离不开植物。虽然芳香油、色素、染料、纤维等也可以由化学合成而来，但最环保、最健康、最“绿色”的，还是来自植物。

植物除了用来吃，还有许多其他用途，如吸收二氧化碳放出氧气、防风固沙、放出杀菌素、减弱噪声、调节气温等等，每一种用途对人类都举足轻重。就以吸收二氧化碳放出氧气来说吧。我们知道，一个成年人，每天呼吸时大约要吸进0.75千克的氧气，呼出1千克的二氧化碳。按全球70亿人口计（联合国的数据显示2011年10月世界人口已突破70亿，而美国人口调查局则显示在2012年突破70亿人），人类每年需要吸收氧气约19亿吨，产生的二氧化碳约25亿吨！如果人类需要的氧气没有来源，呼出的二氧化碳没有去处，人类还能在地球上生存吗？那么是谁解决了这个问题呢？答案还是离不开植物。科学实验表明，一棵胸径20厘米的绒毛白蜡，每天可以吸收4.8千克的二氧化碳，释放3.5千克的氧气，可以满足大约5个成年人全天呼吸的需要。而1公顷（10000平方米）的阔叶树林，在生长季节每天可以放出730千克的氧气，吸收1000千克的二氧化碳，可以满足约1000人的需要。要是地球上没有植物，后果真的不可想象。

正因为植物有如此多及如此重要的作用，所以在你和我的居住小区，一定要栽有各色各样的植物。这些居住小区中的植物，无论是高大的乔木，还是低矮的草本，抑或是攀援的藤本，大多以观赏的角色出现，而且大多十分有趣。如茎干如电线杆的大王椰子（王棕）、树干长刺的美人树（美丽异木棉）、长有胡须的榕树、粗生霸道的叶子花（宝巾、簕杜鹃）、叶面绿色叶背紫红色的红背桂、花如桃花茎如竹子的夹竹桃、四季飘香的桂花等等。在这些人为栽有花草树木的小区中，即使养护师傅十分尽责，也不免出现一些顽强的非人为栽培植物，如黑乌乌一身宝的少花龙葵、果有刺钩只要你经过就陪你走天涯的鬼针草、会“害羞”的含羞草、花色多变全株有臭味的马缨丹等等。

华南地区高温多雨，十分适合各类植物的生长，植物的种类也非常多，以至一个普通居民很难认全他所居住小区中的所有植物。这些小区中的花草树木，不管你认识不认识，依然默默地生长着，并充分展示着它们自己的个性。这些植物的个性，如月季和美人树等为何茎干有刺？鬼针草的果为何有钩？同一朵木棉花的花粉和柱头为何不同时开放？含羞草的叶触碰后为什么会合起来并下垂？红花酢浆草的种子为啥会喷射？羊蹄甲和红花羊蹄甲为啥长在同一株树上？等等，你注意到了吗？个中的原因及科学道理，你又了解吗？

《早安！我的植物邻居》会给你一个非常好的答案。

《早安！我的植物邻居》以小区中的常见植物为对象，以通俗易懂的文字，介绍了这些植物的奇特个性或用途，并解释其中的科学道理。

小区中的植物很多，通过这本书，相信你会认识更多的花草树木，相信你会懂得更多的植物知识，更加珍惜小区中的所有植物和我们的家。

《早安！我的植物邻居》是小说，是散文，是小品，更是科普读物。

感谢作者在植物知识科学普及方面所作的努力和贡献。

人，真的一刻也不能离开植物。

李镇魁
华南农业大学林学院
2014年春

自序

让孩子去看见

卢梭说过："学会真正看清自己所见的东西永远大有益处。"①

孩子是天使，也是魔鬼。怀着最美好的心愿去抚育，有时我们也难免在教育上大动肝火。当我意识到发怒是多么糟糕的教养方式时，便停止了。我幸运地激发起观察自然的兴趣。少年时期我的梦想是成为植物或动物学家，但解剖"水蛭"之类可怕的东西令我望而却步。后来工作和生活都在大城市，"自然"已经远去。很长时间，我与大多数人一样，对身边的植物视而不见。虽然它们一直在，但是每天的日子都被各种繁杂填满，我看不见它们。无论什么事情，自己都没有用心去"看见"，又何从指导孩子去发现。

有一天，我统计了居住小区的植物，总共约有200种，它们是高大的枫树、半高的灰莉、低矮的山菅兰，还有匍匐在地面上的结缕草，有种植的也有野生的；我也统计了从前住过的老城区街巷，房子附近至少生长着10~50种

①让-雅克·卢梭：《植物学通信》（熊姣译），北京大学出版社，2011年版，kindle电子书。

植物。美在身边，美在眼前。原来即使居住在“石屎森林”[①]中，大自然的精灵——那些花草树木一直存在，宜人且多变。

观察植物的兴趣是私人的，也无功利目的，这段话或可概括：“你一定不要给予植物学一种它本身所不具有的重要性：这是一种纯粹出于好奇的研究，除了一个喜欢思考、心性敏感的人通过观察自然和宇宙的神奇所能得到的快乐之外，它没有任何实际的用处。”[②]我的孩子明珠更喜欢在滑梯旁与同伴疯玩。但她见过自己的妈妈专注看植物的样子，也知道妈妈如何学习植物知识。有一天，她告诉我学校的草坪里有少花龙葵；有一次，她在烈士陵园的灌木中从花苞辨认出深山含笑花；一个周末，她留意到了我忽略了的洋紫荆花瓣中的蜜腺。她骄傲地宣称：“妈妈的植物知识全家第一，我第二。”事实如此。我欣慰地发现，身教重于一切语言。当一位妈妈的状态是积极的、安静的、专注的、快乐的，她身边的孩子自然会感受到。

观察自然或许只是一种“无用的快乐”。然而对实用主义者来说，卢梭的这句话是不是更有说服力呢？——

“不管哪个年龄段的人来说，探究自然奥秘都能使人避免沉迷于肤浅的娱乐，并平息激情引起的骚动，用一种最值得灵魂沉思的对象来充实灵魂，给灵魂提供一种有益的养料。”[③]

展敏

2014年3月12日

①石屎指水泥，石屎森林用来形容拥有很多钢筋水泥建筑而缺乏植被的大城市。
②③让-雅克·卢梭：《植物学通信》（熊姣译），北京大学出版社，2011年版，kindle电子书。

目录

contents

四

五

一

时节。不是每个地方都四季分明，并刚好三月一季。而好雨知时节，当春乃发生。感知夏天的到来，是从发现第一棵盛开的葱兰开始，满天空的紫薇花儿，香喷喷的鸡蛋花都带着夏天的味道。

夏日紫薇

Lagerstroemia indica

中文名： 紫薇

拉丁学名： *Lagerstroemia indica*

别称： 入惊儿树、百日红、满堂红、痒痒树、猴刺脱、怕痒树

科： 千屈菜科

属： 紫薇属

分布： 中国华东、华中、华南及西南；亚洲南部及澳洲北部。

仿佛是突然地，小径上就绿树成荫，寂静的正午，阳光直射下来，地面斑斑驳驳，明的是光，阴的是树叶的影子。是夏天来了。

紫薇是夏天的公主。紫薇花盛开时紫云满树，绸纱般的花瓣，一簇簇长在顶上，粉色、白色，蓝紫、翠紫，娇艳柔美的各种紫，霞染般辉映天空。从六月至十月，紫薇花相续开放。人云“花无百日红”，紫薇却打破了这样的俗语。紫薇花儿像充满活力的少女，陪伴我们度过漫长而炎热的夏天。

紫薇原产地中国，自古以来，因其花美皮滑叶茂得到很多文人墨士的喜爱。

紫薇属有很多品种。一般的紫薇树叶子小小的，树高不过7米，如高瘦灌木状；叶子大大的，比手掌还宽的，高十多米树状，称大叶紫薇。紫薇与大叶紫薇同科同属，但不同种。它们分别有属于自己的拉丁学名。居住的小区就有几排大叶紫薇树。

无论紫薇还是大叶紫薇，它们都有相同的别称：痒痒树。

正是暑假的午间。明珠辗转一时难以入睡，我问她："想不想下楼去看一种奇怪的树？你抓它的树干，它就会发出怕痒的笑声。"明珠兴奋地说："我要看！"

刚下了场暴雨，地面湿漉漉，大叶紫薇的树干也长出了菌，它们小小的、白白的，环树而生。小区是新的小区，树是新植的树，不过三五年。面前的这棵，树干直径不过10厘米，密密长着树皮，间中有些脱落。紫薇树皮是年年生，年年脱，等到一定树龄了，它老了就光光的不再长皮。在北方，人们干脆叫它"猴刺脱"，形容它的树干太滑了连猴子都爬不上去。

明珠用小手轻轻摇摇这棵大叶紫薇，它一动不动。要大力些，树叶才有些震动了。但有皮的树干摇着手感不好。“我们找另外一棵大些的，好不好？”我说。找到了。这是小区里最大的一棵了吧，它的树身果然大半是光滑的。我们一起摇它，只轻轻碰，树顶的叶子与枝条就“哗呵呵”响起来了。千百年来，人们形容这种响声叫笑，一棵树因为“怕痒”而引发的笑，所以才有了“痒痒树”的别称。“为什么树会怕痒呢？”明珠问。植物学家的解释是真实而无趣的：“紫薇的枝条纤细而柔软，树干顺滑能减少触动传播的阻力，轻抚则引起抖动，花叶随之震颤。”

紫薇原产地中国，自古以来，因其花美皮滑叶茂得到很多文人墨士的喜爱。它已经不仅仅是生物界的“树”，而是天人

合一、独树一帜的人间花树。晚唐诗人杜牧就极喜爱紫薇花，自誉为紫薇，别称“杜紫薇”，他咏《紫薇花》诗曰：“晓迎秋露一枝新，不占园中最上春。桃李无言又何在？向风偏笑艳阳人。”意思是，花园里这么多花，我不是春天里最早开放的，早上醒来，看到迎着秋露展现崭新风姿的花儿是谁呢？桃花李花虽然艳丽，它们踪影今何在。我微笑着，亭亭玉立看着一切，长久地灿烂开着。这诗里说的大概就是紫薇花的气质了吧。

观察思考

1. 紫薇在什么季节开花？

（1）夏天　（2）冬天

2. 大叶紫薇的果实是什么类型？

（1）瘦果　（2）蒴果

3. 说一说你最喜欢紫薇的哪个部分：果实、花还是叶子，为什么？

雨后鸡蛋花

Plumeria rubra 'Acutifolia'

中文名： 鸡蛋花

拉丁学名： *Plumeria rubra* 'Acutifolia'

别称： 缅栀子、蛋黄花

科： 夹竹桃科

属： 鸡蛋花属

分布： 原产美洲墨西哥，中国广东、广西、云南、福建等省区有栽培。

夏天时常有一阵暴雨，雨下得越大，停得也越快，它急匆匆荡涤横扫着空中的一切，约半小时，雨便歇了。这样雨后的傍晚，我坐在客厅看书。加加午睡醒了，他扁着嘴巴将要哭的样子走过来，他习惯了这样的表情。如果开哭了，保姆阿姨就会斥责他，他便哭得越厉害。每天如此。

在他的脸将要拧成哭相时，我说："加加睡醒啦？哇！加加睡了一个多么甜美的午觉呀，我们到楼下去看花好不好？小区的鸡蛋花开得正好呢，加加去闻一闻看它香不香？"于是，我们牵着手，到楼下。小区的地面湿漉漉，到处是雨后的痕迹。天空湛蓝，我和加加一起抬头望着天空一会儿，看到朵朵白云在高楼顶快速飘移。加加的脸上阴转晴，笑起来了。

七月的夏天，没有多少花在盛开，大叶紫薇高高在上，龙船花低矮地绽放，鸡蛋花树约比人高，这里一树，那里一树，隐藏在小区的丛林花草间。四岁的加加还不认识多少花树。“加加知道哪棵是鸡蛋花吗？”他摇头。我们走到一株鸡蛋花树前。鸡蛋花是小乔木，高约2~6米。“看呀，加加比较一下，我们前面这么多树，哪一棵树只比姨妈高一点？哪一棵树的叶子比姨妈的手掌还要长还要窄？哪一棵树的枝干是灰光光的？哪一棵树上开着黄色的、肥肥的小花朵呀？”加加立即指认出了眼前的鸡蛋花树。

鸡蛋花树硕大平顺的叶子正盛放着几滴雨珠，稍碰动便滑下来了。我伸手去抚弄长在枝顶的鸡蛋花，它们聚生扎堆，有的还是花蕾，有的已经开尽。加加说不能摘花呢。好，我们不摘花。掉在地上的鸡蛋花总是很多，我们去捡一朵来看。

手上的这一朵显然是刚掉下来的。拿在手上让加加闻一闻。“什么味道呢？”“好香呀！”加加鼻子抽口气说。对的，鸡蛋花芳香清雅。看呀，鸡蛋花有五片

鸡蛋花属夹竹桃科植物，这科所有的花朵都是向一个方向旋转的。

花瓣，每一片花瓣都是独立的，这叫不完全相连花瓣，它们一片紧接一片顺时针旋转排列着，很紧凑。“加加看一看地上的树上的鸡蛋花，看每朵鸡蛋花是不是都是向右旋转的呀？找不找得到一朵鸡蛋花是朝相反方向排列的呢？”加加找不到。鸡蛋花属夹竹桃科植物，这科所有的花朵都是向一个方向旋转的。所不同的是，夹竹桃科植物大多有毒，但鸡蛋花没有毒，还常常被人采来食用呢。我们小区外面市场上卖的五花茶，原料之一就是鸡蛋花。

“加加再看鸡蛋花的颜色，花瓣的外面是白色的，像蛋白一样白，里面是黄色的，像蛋黄一样黄，像不像你每天吃的鸡蛋呢？”所以，人们就叫它鸡蛋花。鸡蛋花有清香的气味，摘下来放在家里或插在汽车空调出风口，使人神清气爽。它还有另外的名字：缅栀子、蛋黄花。鸡蛋花除了白色的，还有红色的。小区不远处就有一棵红色鸡蛋花树。据说，红色鸡蛋花是后来嫁接而成，供欣赏，不入药。五花茶的原料一般是用白色的鸡蛋花。那么红色鸡蛋花到底有没有毒呢？咨询了专家，查阅了相关资料，罕有关于红色鸡蛋花有毒的说法和文献。不过无论什么颜色的鸡蛋花，其枝叶流出的白色乳汁都有微毒，但程度轻微，可以忽略，不要沾到伤口上就好。

加加已经彻底认出什么是鸡蛋花了。他主动跑到一棵鸡蛋花树前，说："鸡蛋花！"又跑到另外一棵鸡蛋花树前，说："鸡蛋花！"我们发现小区总共散落着八棵鸡蛋花。加加捡拾满满手掌的鸡蛋花，说要送给他每天努力工作的妈妈。

鸡蛋花会从五月一直开到十月，加加能够捡很长很长时间的花。到了冬天，鸡蛋花树的叶与花将全部消失，一树光秃秃，加加还能不能认出它呢？

观察思考

1. 鸡蛋花的叶子和花哪个大？

（1）叶子比花阔大 （2）叶子比花细小

2. 鸡蛋花一般是什么颜色？

（1）白和红色 （2）蓝色

3. 在家附近寻找和鸡蛋花叶子相似形态的一种植物，将它描述出来。

遇见葱兰

Zephyranthes candida

中文名： 葱兰

拉丁学名： *Zephyranthes candida*

别称： 葱莲、玉帘、白花菖蒲莲

科： 石蒜科

属： 葱莲属

分布： 原产墨西哥和南美各国，中国栽培广泛。

七月的一天。

从外面回到小区，遇到了一朵盛开中的葱兰。它在青绿如葱的伙伴中茕茕孑立。细看，前前后后的葱兰也正孕育着小小花蕾。这一朵最先开放，它小小的，洁白的，安静而唯美。仿佛黑暗中的一盏小橘灯，它的绽放点亮了整片葱兰，让人们终于“看见”了它们的存在。

葱兰被植在小区的边脚位置，大树底下、花坛边上，这里一片，那里一片。一年里，它们的存在如同不起眼的各种绿化草，

葱兰的花语是纯洁的爱，
葱兰也带来了视野的清凉。

成为不了人们的焦点。大暑至秋分之间，葱兰陆续盛开，人们终于注意到了它的存在。

葱兰的花语是纯洁的爱，葱兰也带来了视野的清凉。傍晚散步，和明珠走近大王椰子树脚下的葱兰。俯下身子，数了一下，葱兰有六片花瓣，花冠内六根雄蕊，中间雌蕊的花柱顶端微裂，像开了三叉。用手碰一下雄蕊的花药囊，黄色的花药便沾在手指上了。

“这是不是花粉，妈妈？”明珠指着我的手指说。

“它是的。”同时我十分惊讶，明珠知道花粉？

“谁告诉你的呀？”

“徐老师！”徐老师是明珠幼儿园大班的老师。“徐老师说，花朵由花瓣、雄蕊、雌蕊构成。”

“对极了。”然而，也不止于此。

世界上的开花植物大约有30万种。花朵基本上是由花萼、花瓣、雄蕊、雌蕊等构成的。其中雄蕊分作为支撑的花丝和顶端的花药两部分；雌蕊支撑部分叫作花柱，顶端叫柱头。花药里的花粉落在柱头上了，就是花粉传播。传播成功了，花的使命便完成了。

不过，很多花的雄蕊与雌蕊并不同时存在于一朵花里，它们可能在同一株树的不同花里，也可能存在不同的植株上，花粉的传播方式也千奇百怪……有些复杂了吧，孩子。世界是多么奇妙，我们有的是时间去探索，以后你会明白的。

葱兰是典型的雌雄同株花朵：雄蕊6根，长度约为花瓣的一半；花柱细长，柱头微三裂。这样的花朵多么明亮而好辨认。

如同遇见第一朵葱兰的惊喜，明珠在我不知晓的时空里，也学习了花朵的常识。正如每一株植物都在自然生长，无论你是否关注到它。

那个傍晚讨论之后，葱兰已经在我们的眼睛里了。明珠观察到了，风雨前后，它开得特别精神；阳光明媚时，朵朵葱兰如白蝴蝶般展翅尽撑；如果太晒了，或者下暴雨了，它们中的大多数就会萎蔫着。

观察思考

1. 葱兰叶子是什么形态？

（1）轮生　（2）对生

2. 葱兰成熟的果是什么颜色？

（1）白色　（2）黑褐色

3. 说一说你最喜欢葱兰的哪部分：果实、花还是叶子，为什么？

等一片榕树叶落下

Ficus microcarpa

中文名： 榕树

拉丁学名： *Ficus microcarpa*

别称： 细叶榕、成树、榕树须

科： 桑科

属： 榕属

分布： 原产于热带亚洲，中国南方多有野生，栽培广泛。

榕树看起来很好辨认，深绿茂密的叶子，高大粗壮的树干，无数条褐色的根须垂下来。而明珠认识了“典型”的榕树后，便有些迷惑了。它的品种这样多，有垂叶榕、花叶榕、印度榕、高山榕，细叶榕、大叶榕。走至小区门口，便见到路上的榕树。中间两排是大叶榕，枝上结满橙绿色的小果子，如穿过天桥，甚至可以摸到小手掌般大的叶子，有鸟儿在枝间翻飞，那多半是麻雀和暗绿绣眼鸟，它们最爱吃榕树的果子。路旁和腊肠树间种着的是细叶榕，革质叶子闪闪发

叶子也会掉下来，以一种悄然更迭的方式。

光，流苏似的细根像山羊胡子；在商场门口还布植着灌木般高的垂叶榕与花叶榕。更不要说偶然间见到的一株叶更大质更厚的印度橡胶榕了。

榕树原是热带植物，在南方无处不在，四季常绿。初秋时节，草皮上星星点点铺满了黄色的榕树细叶。榕树也会落叶吗？会的。即便是常绿乔木，叶子也会掉下来，以一种悄然更迭的方式。榕树每年脱叶2~4次，它的嫩枝有一对托叶保护叶子，但托叶很快就脱落，只见枝上很多的托叶痕。“大叶榕在降温前会落叶，温度上升时又长嫩叶，它可以多次落叶和长叶。细叶

气根垂下来接触泥土立即地下生根，成长为榕树的支持根，如是独树成林。

榕一般在春天，一边掉老叶，一边长新叶，初秋时节换叶不是很常见。”植物学家说。然而，确实是初秋的周末，我们躺在草地上，望着榕树，看看天空，数数：1，2，3……数至第80，一片叶子摇晃着，轻轻地飘下来了，与先前的落叶混成一片。明珠兴奋大叫，她见证了常绿树一片叶子降落的过程。只要耐心等待，就会发现平凡中的神奇。

我们继续躺着，说着榕树的故事。它的须根垂在空气中，是著名的气根。这些根会吸收空气中的养分，气根垂下来接触泥土立即地下生根，成长为榕树的支持根，如是独树成林。在印度，榕树下可容数千人歇荫，印度商人干脆将它作为集市场所，进行买卖活动。英语“印度榕树”与“印度商人”都叫“Banyan”，就好比英语里“中国”与“陶瓷”都叫作“china”。在热带密林里，为争夺更有利的生存空间，榕树气根会攀附在其他树干上茁壮成长直至将寄生树绞灭并取而代之。榕树的生命力顽强，繁茂起来遮天蔽日，地下庞大的根系错综纠缠，会动摇房子的根基，使其不宜人居，于是也流传着“榕树不容人”的说法。

更有趣的是榕树的花与果。榕树有花吗？它的花是藏在果子里的，看不见，像无花果一样。对了，榕树与无花果同属，是植物家族里的两兄弟。

观察思考

1. 榕树叶子的形状是什么形状？

（1）椭圆形　（2）心形

2. 榕树成熟的果是什么颜色？

（1）黄色　（2）黑褐色

3. 寻找家附近一株榕树，记录当天的日期，观察它有没有果子、根须和落叶。

天空中的美人树

Chorisia speciosa

中文名： 美丽异木棉

拉丁学名： *Chorisia speciosa*

别称： 美人树、南美木棉、美丽树

科： 木棉科

属： 异木棉属

分布： 产南美，在中国广东、福建、广西、海南、云南、四川等南方城市广泛栽培。

今年二月，我们见到了绿叶掩映的树上有一只挂果，绿色纺锤状，像一只超市里出售的牛油果。全树就这么一个。这棵树就在小区花园拐角“蛋糕”（那一圈花坪）旁边，抬头找，便看到它了。这是美丽异木棉的果实。

我和明珠惊奇地讨论着它。什么时候结了一个果子呢。从来没有见过这棵树开花，不，连同小区里的很多棵美丽异木棉，都没有开过花。它们傍着30层的楼房，瘦瘦高高地蹿长着，树顶稍弯曲，树干不胖，还没有长成异木棉典型的酒瓶状。随着小区的落成，小树苗被移植来了，这两三年，它一直默默地绿着，长着。

美丽异木棉，又叫美人树，来自海洋那

美丽异木棉，又叫美人树，来自海洋那头的阿根廷。

正是初冬，很多花都凋零了，唯美人树在那里盛大开放，如特写般美。

头的阿根廷，它们世代在南美辽阔湿润的大地矗立着。1985年，一次学术交流会，外国专家送给华南师范大学校长一些美丽异木棉树苗作为纪念。数年后长成开花，全株灿烂美丽，路人为之惊诧。见到繁花满树的景象，美丽异木棉难怪又被称作“美人树”。华南师范大学据说是最早培植美人树的地方。有一年在校园内给作者拍照片，正是初冬，很多花都凋零了，唯美人树在那里盛大开放，如特写般美。那时，还不知道美人树如此落成的典故。

多年后的广州，随处可见美人树了。进入秋天，华南理工大学校门，奥林匹克体育公园附近的美人树次层开放。初冬的早上，跑步时看见，“蛋糕”旁的美丽异木棉开出了第一朵。随后两周，它开满了枝头。渐渐地，小区的其他美丽异木棉也陆续开出了花。这样美丽的花，将在枝头开足三个月。珠三角一带，它的花期更长，可以从6月开到翌年1月！无论如何，南国的冬天啊，因这花的绽放，天空也美丽起来。

不止天空，地面也美丽起来。美人树的花儿掉下来了，铺在草坪上。明珠捡起来。说它像紫荆花。细看，却大不同。五片厚得多的大花瓣，花瓣根部有很多斑点花纹指向花朵深处。这是不是蜜腺导图呢？花是植物进化的结果，是植物的生殖器。花开得芬芳夺目，是为了吸引鸟虫为它们传播花粉。鸟儿、虫儿看色闻香而来，在花朵里探询，有些花朵在花的深处为它们准备了美味——花蜜。花蜜由蜜腺分泌。蜜腺在哪里呢？担心这些飞动的蜂虫类找不到，花儿甚至体贴地在花瓣上长出了“地图”——那些指向蜜腺的突出的花纹。

美人树花的雄蕊团结成一圈，包围着一根细细的高出一段位置的雌蕊，在结构上雌雄蕊是错落分布的，显然它们不是自花传粉。到底是什么在帮助美人树传粉的呢？加加见到了一只又一只的蚂蚁在落花间爬来爬去。即便是落花，拿到鼻子前闻，还是很香。

美丽异木棉的树干布满了刺，以至明珠与加加不敢触摸它。遥想它们在老家，即便是敏锐的会爬树的动物，也不敢侵犯美人树了吧。这些刺是它们自我保护的进化手段。而在很久很久以前，美丽异木棉是在什么样的环境威胁下，以至它树干上长满了刺呢。至少有一个原因是这样的：美丽异木棉的果实富含油质，很多动物爱吃，为防止动物不合事宜地偷摘，美人树的树干长满了尖刺。

这美丽的树儿，有太多美丽的谜了。它们将在这里，一年又一年，开花，结果。我们也将在这里，一年又一年，看着它开花，结果。谜底将会在细细的观察、慢慢的品味中揭晓。

观察思考

1. 美人树树干上长满了什么？

（1）刺　（2）斑点

2. 美人树结果后将会飘出飞絮，请问它是什么颜色？

（1）紫色　（2）白色

3. 寻找一株美人树，记录当天的日期，观察当时的生长情况，有没有花朵，叶子的形状。

眼花缭乱的洋紫荆名字

Bauhinia blakeana

中文名：红花羊蹄甲
拉丁学名：*Bauhinia blakeana*
别称：洋紫荆、艳紫荆
科：苏木科
属：羊蹄甲属
分布：福建、海南、广东都有分布

小区里的“洋紫荆”花开个不停。它高高大大，分布在小道两旁。三月的春天里，它开着。五月及夏了，也开着。有一段时间它稍歇了，花朵少了，只稀疏掩映在叶子间，但十月来了，树上结出长长的荚果[①]条，花儿又冒出来好多了。它们有粉色、白色、深紫色。

楚楚问我：“阿姨，这是什么树呀？”我答：“这是红花羊蹄甲树，又叫洋紫荆。”“为什么叫这个名字呀？”我将低垂的紫荆花树枝拉下来，让楚楚细看

①荚果，是果实的一种类型，属于单果，是豆科植物特有的果实类型，如豆角和荷兰豆。

叶子，圆形的中间有一裂开，像极了羊的蹄甲。“这树的名字就是由叶子的形状而来的。”

“为什么它有两个名字呀？”楚楚问。

是的，我也一度迷惑。这种树的中文名字叫得很乱，不同的地方有不同的中文叫法。同一个地方也有混乱的叫法。在香港的尖沙咀广场，我就曾盯着同样的树看不明白，它们身上的挂牌拉丁学名文是一样的，但中文一棵标注：羊蹄甲，另一棵标注：洋紫荆。洋紫荆花是香港的区花，区旗上绣的就是它的花瓣。在维多利亚港附近还有一个“紫荆花广场”。而事实上，“紫荆”与“洋紫荆”又是完全不同的两样植物呢。紫荆树的花瓣形状与洋紫荆不同，着生位置差异也很大。紫荆花通常2~10余朵成束，簇生于老枝和主干上，尤以主干上花束较多。

洋紫荆花是香港的区花，区旗上绣的就是它的花瓣。

羊蹄甲

红花羊蹄甲

羊蹄甲果实

植物的学名是遵行“二名法”，即用拉丁文构成名字，植物拉丁学名的第1个单词是属名，第2个单词是种加词，两者组成一个学名，后面还附有最初命名人的姓名。拉丁文是欧洲古老的文字，语法稳定，没有什么变化，一样事物对应一个词，不会乱。

红花羊蹄甲（洋紫荆）的拉丁学名：*Bauhinia blakeana* Dunn

宫粉羊蹄甲的拉丁学名：*Bauhinia variegata* L.

羊蹄甲的拉丁学名：*Bauhinia purpurea* L.

19世纪初，法国传道会神父漫步薄扶林海旁时，首次发现洋紫荆树。神父把洋紫荆折枝移至薄扶林道一带的修道院，它是香港首个被记录的植物。至今香港遍地开花的洋紫荆大多源于修道院这棵。洋紫荆实际上是宫粉羊蹄甲与羊蹄甲的杂交变种，它是不结果的。

洋紫荆树有这么复杂的身世。到底它与羊蹄甲之间又如何区别呢。

十一月的某天早上，我在“洋紫荆”树下跑步。发现了神奇的现象，我观察到了在一棵树上长着两种不同颜色、不同构造的花。粉白色的，就在树干底部抽出来的叶子间开出来的，花朵间，只有三枚雄蕊；而树顶上，开着朵朵深紫色的花儿，雄蕊有五枚。书上说，雄蕊有三枚的是羊蹄甲；洋紫荆、宫粉羊蹄甲的都是五枚雄蕊呢。我忙叫明珠下来看，她数了又数，和我观察到的一样。这是多么有意思的事儿啊。在我们所知的资料之外，植物一直在生长，在变化。看着在粉红色花和深紫色花儿间穿梭的小蜜蜂，我想，也许是这传粉的小昆虫无意捣蛋的结果吧？然而答案却与小昆虫无关：它是嫁接的结果。洋紫荆只开花不结果，所以它只能靠扦插或嫁接繁殖。一般都采用羊蹄甲做砧木，即下部是羊蹄甲，在它的树干大约一米高的地方再嫁接洋紫荆枝条。细看树干，还是可以看到嫁接处的隐约痕迹。

过了一段时间，再看这棵树，底部的叶子与花被铲得干干净净的，再也见不到两种不同的花儿在同一棵树上了。我肯定，这次是园丁干的。

观察思考

1. 找出香港“洋紫荆”区旗的花的形状。它们有几瓣？

（1）4瓣　（2）5瓣

2. 你见过的羊蹄甲是什么颜色？

（1）白色　（2）粉红色

3. 寻找家附近一株羊蹄甲属的树，观察它的花朵颜色、雄蕊的数目，分辨它是羊蹄甲还是洋紫荆。

一口气，送蒲公英伞去旅行

Taraxacum mongolicum

夏末，和孩子们在花园里溜达。在一片澳洲鸭脚木丛底，一支茎顶着白色的、圆圆的花球突出重围，它显然是杂草。加加问：“这白白的是什么呀？”明珠说：“蒲公英！”将它摘下，拿到嘴边，“呼！”一口气，白花球忽然散开，一小片一小片，轻轻地飘远。又去寻第二朵。这株长白绒球的草，半匍匐地在地面延长，每茎的顶端开小小红花，远看星星点点，翻开叶子，背部是红色的。这不是蒲公英，这叫“一点红”。像这样白色冠毛随风飘散的野草，常见的还有“野茼蒿”，但它整株是直立的。

真正的蒲公英长什么样子呢？它的叶

中文名： 蒲公英

拉丁学名： *Taraxacum mongolicum*

别称： 黄花地丁、婆婆丁、蒲公草、食用蒲公英、尿床草、西洋蒲公英等

科： 菊科

属： 蒲公英属

分布： 多分布于北半球。我国东北、华北、华东、华中、西北、西南各地都有分布。

蒲公英

野茼蒿

一点红

一点红

子像莲花座一样平铺在地面，蒲公英叶边的形状像一嘴尖牙，它的英文名字Dandelion来自法语dent-de-lion，意思是“狮子牙齿”；冬天结束，春天开始了，蒲公英抽出花茎，这茎没有分支，折开是空心的，有白色的乳汁流出来；茎顶端生一头的花，蒲公英的花亮黄色，它又称黄花地丁。蒲公英是菊科植物，像菊花一样，这顶端小小的黄色花盘，不是一朵花，它实际上聚生了上百朵舌状小花。

正因如此，神奇的魔术要开始了。黄色的花在两周后，变成一头的白绒毛，一朵圆的蒲公英伞形成。风一吹，这朵圆伞分为带着一粒种子的小白伞。每颗种子就是每朵舌状小花的结果。一“朵”黄色蒲公英里大约有上百朵小花，这上百朵的小白伞随风纷纷扬扬，“好风凭借力，送我上青云”，一阵风，最远可将它们送至1000米以外的地方。种子落下伺机生根发芽，来年新的蒲公英又有一片了。

蒲公英

现在我们知道蒲公英了。一点红的传播方式和蒲公英一样，都是借助风力。花园里到处见到一点红。蒲公英在亚热带与温带广泛分布，但在我们花园找到蒲公英可还需要耐心与等待。也许小区最早的植物移民里，刚好只有一点红而没有蒲公英。

锯齿状的叶子、黄色的花和白色的种子伞，这就是眼睛里的蒲公英。心里的蒲公英又是怎样的呢，它的花语是什么呢。花语是世界各地人们约定俗成赋予花朵的人文含文，不停地飘呀、飞呀，坚持找到自己落脚地点的蒲公英的花语是："停不了的爱"。传说中有紫色的蒲公英，它代表孤独而高贵的爱，然而现实中几乎无人见到过。

我们惦记着蒲公英。吹着蒲公英白色的绒毛，目送蒲公英伞去旅行，这可是全世界孩子的快乐和愿望。念念不忘，必有回响。不久之后，我们意外地在北京的小汤山草地上看到真正的蒲公英了。那真是非常有趣的事儿，摘下来，吹起它，这时候，每一个人都仿佛正处在童年。

观察思考

1. 蒲公英叶子的形状是?

（1）齿状　（2）圆形

2. 蒲公英的花朵是什么颜色?

（1）白色　（2）黄色

3. 去公园或野外寻找一棵蒲公英，拍一个照片。观察、记录当天的日期，它的叶子和花果处于什么样的状态。

野茼蒿

从远古来的肾蕨

Nephrolepis auriculata

中文名： 肾蕨

拉丁学名： *Nephrolepis auriculata*

别称： 蜈蚣草、圆羊齿、篦子草、石黄皮、山鸡蛋、凤凰蛋

科： 肾蕨科

属： 肾蕨属

分布： 在热带和亚热带地区广有分布。

我们去寻花。一去二三里，烟村四五家，亭台六七座，八九十枝花。

夏末秋来，花不多。花坛的边缘有一丛一丛的蕨类，淡绿色，这是肾蕨；远处凉亭顶架上用花盆盛着垂吊下来的，叫波士顿肾蕨，它的叶片更紧密，叶缘有波折，比一般的肾蕨更美，好比姑娘的长发小烫了一下。加加问："它的花呢？它开什么样的花？"自从认识了鸡蛋花与大叶紫薇，加加对花关注了起来。

肾蕨没有花。它从来就没有开过花。

不是所有植物都会开花，有花的植物在植物界被划分为"种子植物"，花开后会结果，有种子。肾蕨呢，没有花，没有种子，

它有“孢子”。翻开肾蕨叶子背后，一排排紧密的如肾形状的棕褐色的颗粒，就是肾蕨的孢子。肾蕨就是因为它的孢子囊群的胞膜像人类的肾脏，因此得名。孢子成熟的时候，风一吹叶一抖，孢子四处飘散，遇到潮湿的地方，生长发育，新的小肾蕨又冒出来了。原生态的肾蕨，在溪边、背阳水润处都有。它们长在特定的边缘地带，往往就是那些开花种子植物发展被限制了的地方。我也曾在乡下的废墙壁上见到肾蕨苍翠的叶子。支撑肾蕨令其比其他蕨类更顽强生长的是它那会变形的茎。肾蕨的茎总共有三种形态，常见到的茎是在地面上直立的，它有可供欣赏的挺拔；横伏生长的茎利于它附着岩石或墙壁上攀援；有时肾蕨还进化出薯块状可储水的茎，这样假如它突然处在干旱环境中也能生存下来，肾蕨也因此被称为“山鸡蛋”“凤凰蛋”。因为一起观察过肾蕨，当我们春节去了东南亚，在郑和下西洋登陆后开掘的那口井的内壁上，见到长着几株肾蕨时，明珠兴奋地叫起它的名字。

肾蕨的生命过程

肾蕨是蕨类植物。它们比恐龙还要久远。在三四亿年前，地球上到处都是蕨类植物，它们高达几十米。后来地球环境变化了，很多高大的蕨类植物已经灭绝。它们枯萎在地上，成为腐殖质，慢慢沉积地下，终于成为了今天的煤。有一些蕨类植物，适应了环境，顽强地生存与繁衍下来，它们当中的一种，就是肾蕨。

我们眼前的这一片肾蕨叶子，它从远古走来。没有花，但它的叶子是这样美。蕨类最早在维多利亚时代即因为茂盛的叶片，而成为室内植物。同时，它也是清除室内甲醛的最佳选择。

肾蕨又叫蜈蚣草，除了药用外，还经常被用来种植，以吸收土壤里的砷。原来大自然，没有无用之物啊。

观察思考

1. 肾蕨的嫩叶是什么形态？

（1）卷曲状　（2）舒展

2. 翻开肾蕨的背面看到的孢子囊是什么颜色？

（1）棕褐色　（2）红色

3. 找几株肾蕨，摆放在室内，欣赏它优美的叶子，把你的发现记下来。

一身是宝的少花龙葵

Solallum americanum

站在小径上说阵子话。楚楚奶奶说，楚楚已经认识小区的很多植物了。“他呀，每次回到花园，都抢着告诉别人你跟他说过的植物叫什么名字，昨天一位婆婆被他带到树荫下细瞧那棵万寿菊呢。”小区里的植物一般都是人工选种布置，但是也有无数的“不速之客”，它们遵循大自然的法则，随遇而安。被修剪过的红背桂和鸭掌木的低矮灌木丛下，结伴野生着冲天黄、一点红、草胡椒、泥花草、蔄菜和绊根草，还有一株明显高些，它茎上的叶子互生、高约60厘米，叶腋处长出小小的白花，有些枝上结出几只黑乌乌珠子般的果子。楚楚奶奶好奇地问：“它是什么

中文名： 少花龙葵
拉丁学名： *Solallum americanum*
别称： 乌点规、钮草、钮仔草、白花菜、七粒扣、五宅茄
科： 茄科
属： 茄属
分布： 中国大江南北、马来群岛都有分布。

原来自从认识到一种植物，就会处处发现它的身影！

植物呢？”

这是什么呢？

星期天，加加、明珠和我位移到另一个“小区”了，那是郊外的一个村落，市中心有巴士直达。农田围绕在瓦顶屋村四周，这是破旧屋村，罕有人居。多年来，在残垣断墙间，马缨丹、鸡屎藤、鸭跖草等成了这里的主人，茂密丰盛。近一年，大家像忽然想起这些屋地，纷纷推倒旧屋重建新楼。很多植物被铲平了，小巷间余下一些低矮的莎草、马齿苋和蟋蟀草，还有几丛白花菜！对，它又叫少花龙葵，就是楚楚奶奶问的那种植物。花园小区的少花龙葵叶子青肥，长得很精神，屋村这几丛明显黑瘦，但果子更多，青的、半紫的、亮黑的。乡人说，这东西到处乱长，夏秋间它开灯笼状的花儿，摘下用手一吹一拍，发出“啵”的声音来，好玩；郎中说，这是草药，性状寒凉清热，全株可使；村妇说，将它的叶子采下开水焯过，加蒜头拌炒或切些肉滚汤，再惹味不过；科学家说，少花龙葵是重金属超富集植物，就是说它的根茎叶都可以将周围土壤中的镉集中吸收到身上，或许未来，可依靠它来修复被污染的土壤。

加加和明珠忙着采它植株上黑珠似的浆果，尝一尝，微酸，嘴巴“咦”张大了，果子内伴着浆籽还有色素，涂在指甲上，像蓝色妖姬，他们扮演着巴啦啦小魔仙追逐着走开了。又有一个傍晚，明珠放学回来，说在操场边上见到了少花龙葵！她感叹：“原来自从认识到一种植物，就会处处发现它的身影！”

表面平常的少花龙葵竟有这么多的用处，走近它，了解它，少花龙葵从此不再是我们眼中闲闲的“杂草”了。它仍旧在断墙间顽强地此生彼长，也在城里、小区、花园里谋得一席之地，惬意盛放。在没有我们的世界上，草类仍会自由生长。

观察思考

1. 少花龙葵的花是什么颜色？

（1）红色　（2）白色

2. 比较少花龙葵的果子和其他茄属植物的相同之处，如西红柿，选择对的答案。

（1）内有很多水分与细籽　（2）小拳头大

3. 郊游时细心留意周围植物，找出一株少花龙葵，记录当天的日期，观察它当时的生长状态（花、果、叶）。

我们不知道的月季与玫瑰

Rosa rugosa
Rosa chinensis

中文名：玫瑰
拉丁学名：*Rosa rugosa*
别称：刺玫花、徘徊花、刺客
科：蔷薇
属：蔷薇
分布：亚洲、北非、印度、欧洲都有分布。

中文名：月季
拉丁学名：*Rosa chinensis*
别称：四季花、月月红、胜春、斗雪红等
科：蔷薇
属：蔷薇
分布：全世界皆有。

初秋，一株月季的花枝伸出墙头，越到了小区的这边，美不胜收。美丽的东西总是招人惹弄。明珠和加加远远看到，说：“玫瑰花啊！”想攀过去摘。我制止了。为什么不能摘别人的花，大家懂的。第二个理由是，这个花有刺，容易伤到小手。

这高高的黄色、粉色的“玫瑰”，家中阳台也有几株，分别来自广州郊外的帽峰山和广西桂林的路边。它们的花开了，芬芳而娇艳。我们都习惯叫它作“玫瑰”，其实它们一株是月季，另一株是玫瑰。城市里，很少见到种植的玫瑰了，公园里号称“玫瑰园区”里种植的，基本上也都是月季。

月季、玫瑰都是“蔷薇属”，中文里它们的叫法和写法都不同，而在英语里统称为“rose”。这好比在英语里“叔叔”“舅舅”一律叫“uncle”。只是玫瑰代表“爱情”的内涵太深入人心了，打着爱情旗号送出的礼物玫瑰花被发现原来是月季，大多数人会失望的，遗憾的是，往往街上花店里的“玫瑰”就是月季呢！

月季与玫瑰都是源自中国的古老花卉，也是出名好看的观赏花朵。它们从两三百年前就被传播到世界各地了，各国因而培育了新的品种，将所有品种加起来，约有3万种。因它们衍生过许多神奇的故事，例如，拿破仑送给他的约瑟芬皇后一座庄园，离婚后的约瑟芬在庄园里收集种植了250种玫瑰；18世纪，中国红月季历尽万千艰险终于来到英国皇家植物园邱园；等等。

而月季和玫瑰，又怎么区分呢。

我们回到阳台去，明珠与加加正好观察，只要细细分辨，我们就能区别它们了，就像我们相处久了，就能认出班上的双胞胎同学。

左边一株是月季，粉红色的花正开着；右边这株是玫瑰，没有花蕾。月季是每月都开，因此叫“月季”；玫瑰的花期在四五月。

不要紧，它们最大的区别不在花朵上。

玫瑰（正安生活供图）

玫瑰

玫瑰叶面是蜡质，皱面，叶背面有白粉和柔毛，叶端没有尖角，而往里收一些，茎上的刺很尖很密。

先看叶子数目，大家都有7片。有些书上说月季的叶子是3~5片，玫瑰是5~9片；而据我对很多月季的观察，长着7片叶子的也很多。阳台上这两株都是7片叶子。

再看叶子和其他地方的特征，左边的月季叶面是光的，背后无毛，叶端有尖锐角，叶缘的刺尖锐，茎上的刺是扁的，近花处几乎无刺；右边的玫瑰叶面是蜡质，皱面，叶背面有白粉和柔毛，叶端没有尖角，而往里收一些，茎上的刺很尖很密。

此外，月季一般顶生一朵；玫瑰经常顶上丛生几朵。

月季香味馥郁，玫瑰比它更浓烈。所以玫瑰更易招虫子，不适合做切花，它适宜大片种植以供提炼玫瑰精油，其价格比同重的黄金还要昂贵。玫瑰花瓣采下来也可做甜美的玫瑰酱。

月季

好吧，经过对比观察，明珠知道了哪些是月季，哪些是玫瑰了。往后在街上，她很容易就指认出玫瑰来，而加加呢，因为只有五岁，还不能消化月季和玫瑰的区别要点，不过，他很聪明，凡是遇到看上去差不多的花儿，一律答："这是月季！"并且，他基本百分百撞对了。

月季

月季叶面是光的，背后无毛，叶端有尖锐角，叶缘的刺尖锐，茎上的刺是扁的，近花处几乎无刺。

观察思考

1. 有9片叶子的多半是月季还是玫瑰？

（1）月季　（2）玫瑰

2. 下面哪些选项符合玫瑰的特征？

（1）叶面蜡质　（2）顶上丛生几朵花蕾

（3）叶尾端有尖角而且叶缘的刺十分锐利　（4）叶面有光泽，背面无毛

3. 寻找一朵正开着的真正玫瑰，记录当天的日期和地点，观察它的形态。

二

秘密。植物到底藏着哪些不为人知的秘密？射干的叶子像鸢尾草一样，红刺林投的果实像菠萝；叶子花从哪里来？蟛蜞菊的花盘有着怎样的盘旋形状？为什么要跟夹竹桃保持距离？

叶子像鸢尾草一样的射干

Belamcanda chinensis

中文名： 射干

拉丁学名： *Belamcanda chinensis*

别称： 开喉箭、老君扇、乌扇、红蝴蝶花、铁扁担、翼吹、乌吹、乌蒲、鬼扇、扁竹、野萱花、草姜、黄远、山蒲扇、麻虎扇子、蝴蝶兰、夜干、凤翼、尾蝶花、红花尾蝶花等等

科： 鸢尾科

属： 射干属

分布： 分布于中国大多数省份。也产于朝鲜、日本、印度、越南、俄罗斯。

有时候我们爱玩植物竞猜的游戏。通常是一个对植物知之甚少的人提问，他一路走来，猜这是什么？那又是什么？这些植物在另外的小区，上面挂着名字。世界上约50万种植物，其中有约30万种是开花植物，而城市里的绿化植物不过数百种，基本上我们都能猜对。

也有例外。有次在公园，远远地，看见一丛叶子如打开的扇子似的植物，它高高地朝天空长着。

“这是什么？”

“射干！”

“射干”一词两个字都念第四声：shè gàn，读起来特别短促有力。而走近它，牌子上却分明写着：“鸢尾”。

这是怎么回事？再细看，这丛植物低矮，约半米高，形态像广州春节花市上常见的年花剑兰，它的远处有几株花开了，是蓝色花瓣。对，它是蓝色鸢尾，不是射干。它们的叶子极其相似，而射干的花是橙黄色的，六个花瓣上面布满斑点，很像豹纹，难怪射干的英文名字叫“leopard flower”（豹花）或“leopard lily”（豹百合）。

蓝花鸢尾与射干同属一个科，原来是归同一个大家庭啊，难怪如此相像。但射干在鸢尾科家族中，明显粗生易长，花色又别致，像公主流落民间长成了女汉子。

远远地，看见一丛叶子如打开的扇子似的植物，它高高地朝天空长着。

居住的小区里有很多射干，这里一丛，那里一丛，叶扁生，根如竹，叶又如姜。中国古人认为它的花茎疏而细长就像射人拿着一支杆，所以将它叫作“射干”。五月时，它开出了金黄美丽的花，如一只只花蝴蝶在草间飞舞，所以又叫“尾蝶花”。十月来到，射干的花谢了，顶上一个又一个的蒴果[①]挂着，十一月快要过去了，朔果也开裂成3块了，数颗黑珠似的种子顽强地固守在荚中间，像黑刺莓果，因而它的英文名字叫“blackberry lily”。我用手采摘它，摇了摇，它才滚下。春夏秋冬，小区的射干在它的角落里从叶而花至

①蒴果，干果的一种，由合生心皮的复雌蕊发育而成，子房一室或多室，每室含多个种子。如牵牛花、马齿苋和木棉的种子。

果，演绎着四季，它盘踞的区域眼见着渐有扩张。

射干是美丽的花卉，同时是中药。它地下长着粗的根茎，正是这部分入药。第一次知道射干作为中药，是在同仁堂老中医的治咳药方里，那次是受寒后久咳不愈兼有痰，药方头几行字便写着：射干15克、紫菀15克，款冬10克。这些名词，就像射干美丽的花朵一样，很有意境。因这些美丽的名词，后来我查了一下医书，“射干麻黄汤”是有名治咳嗽的方子。射干很早就见载于《神农本草经》，大医药家李时珍在闻名于世的中医经典《本草纲目》还有一大段文字将它和鸢尾并提呢。

观察思考

1. 射干的花是什么颜色？

（1）黄色　（2）蓝色

2. 射干什么时候结果？

（1）春天　（2）秋天

3. 找出与射干叶子相似的一种植物，记录当天的日期，观察它的根茎花与射干的异同。

霸道叶子花

Bougainvillea spectabilis

中文名： 叶子花

拉丁学名： *Bougainvillea spectabilis*

别称： 红宝巾、三角梅、九重葛、三叶梅、宝巾花、簕杜鹃、三角花等

科： 紫茉莉花

属： 叶子花

分布： 原产巴西。中国各省栽培。

国庆日近，小区在入口处“落成”了几棵叶子花。眼见着它飞速地扎根，因新移植而显得疲倦耷拉着的紫色“花”，在数天后也挺立起来了。不但小区，在这个城市的天桥、公园转角、街巷到处都种植着叶子花，或凌空盆栽或临地攀援，显然它需求的水分不多，不必精细打理，就这样粗生粗长。它吸附二氧化硫等有害物质的能力也是一流的。

我惊异于它的“霸道”。思索它与其他花的不同。

玫瑰自然是最好的，看到玫瑰我们会微笑，它既拥有最迷人的芳香，又拥有艳丽多姿的色彩。它唤醒了我们的欲望、激情与想象力。在希腊神话中，玫瑰是超越

死亡的爱情与复活的象征。伴随着长久的文明进程，玫瑰具有现实与乌托邦式的双重魅力，别的花卉无可匹敌。

那么，叶子花有什么特别的呢？

闻一下，叶子花真的不香。细细观察，它的花也小得可怜，黄色的，比米粒还细微。这样的花儿，它有什么办法吸引蜜蜂前来传授花粉？神奇的是，它将叶子发展到极致，那些紫色的、粉绿的、艳红的三角形的可不是它的花朵，而是它的变态叶子，貌似花瓣的样子围绕着花朵，它的花一直开一直开，从十月到翌年的六月。这成片成片汇成“花”的海洋，明艳、集中、大面积持续的色彩令蜜蜂无法忽略，蜜蜂是循着它的颜色而不是味道而来；叶子花带刺的茎蔓在原产地南美洲就是这样的，它不断地攀援，开疆拓土，绚丽炫目，晃到植物学家菲利贝尔•科梅松的眼睛了，他随着法国的探险船队来到了美洲大地上，他看见叶子花了，并将叶子花从里约热内卢带到法国。随后，叶子花又到了美国、日本和东南亚。它随人而迁徙。19世纪，它从欧洲直达中国，如今它遍及全世界，

叶子花，又叫九重葛，它还有宝巾花、三角梅、簕杜鹃等很多个名字。

也铺满广州的主干道所有天桥，在广州，你想不看到它都不行。

叶子花，又叫九重葛，它还有宝巾花、三角梅、簕杜鹃等很多个名字。每个名字都是根据叶子花不同的特性而命名，如簕杜鹃的“簕”粤语是指植物茎上的“刺”，这个名字显然是粤语方言区用得多；“宝巾花”是人名音译而来，是为了纪念发现者；“叶子花”是根据它的花苞形态命名；“九重葛”是根据它的从下而上开花的形态。叶子花的品种极多，就目之所及，有紫色、砖红色、鲜红色花，还有斑叶变种等等。有一次，远远地看到满天桥的叶子花，开着淡绿色的花苞，像浅色的叶片，令人疑惑。凑近花看了好一会儿，我们才确认它是叶子花。它可真是千变万化啊。

叶子花没有玫瑰的天赋身姿，但它霸道地为自己开辟了一个世界。它象征着热情，坚韧不拔，顽强奋进的精神。它诠释着达尔文说的“物竞天择，适者生存”。

观察思考

1. 叶子花的花是什么形状?

（1）三角形　（2）圆形

2. 叶子花的刺长在什么地方?

（1）叶子上　（2）茎腋

3. 寻找家附近的一株叶子花，记录当天的日期，观察它有没有果子、花的颜色、叶子的变化情况。

小秘密藏在蟛蜞菊里

Wedelia trilobata

中文名： 三裂叶蟛蜞菊

拉丁学名： *Wedelia trilobata*

别称： 南美蟛蜞菊、黄花蟛蜞草、黄花墨菜、黄花龙舌草、田黄菊、卤地菊

科： 菊科

属： 蟛蜞菊

分布： 原产美洲，中国广东、广西、福建等地，世界各地都有栽种。

小区是四五年前落成的。入住时它的花园像是已经存在很多年的样子，有高大的枫树、异木棉、白玉兰、羊蹄甲，也有处在中层的水石榕和鸡蛋花，有低矮的山菅兰和匍匐在地上的巴西花生藤，它们是新移民，被人类移来摆布装点，错落有致。我也是新移民，刚入住时，出入匆忙，从没时间细细观赏园中的花草树们。

直到有一天，我眼前一亮：什么时候开始，地上冒出了如此多的黄色小菊花？一朵、两朵、三朵，像天上的星星掉下来了，铺在绿绿的、胖胖的叶子上。那是三裂叶蟛蜞菊，又叫南美蟛蜞菊，在一个春末的早晨，全面绽放了。没开花之前，我一直无视那几片与野草无异的蟛蜞菊[①]，它们闪绿的叶子下面是长达2米的茎，它向上长高到一定程度了再趴下，茎上随之长出须根往泥里扎。

菊科植物约有2.5万种，蟛蜞菊位列其中，它们的花朵排列极其有序，像公式一样准确，像公理一样无懈可击。偌大的花盘，远看是朵完整的花，其实这只是花朵的组合方阵：许多的小花聚合而成一朵“大花”，在这朵“花”里，狭窄的空间居住着无数朵小花，如何安置好呢？数量上尽可能地多排；空间上保证每朵小花都平均。最妥当的设计就是每旋转137.5度就排一朵花。事实上正是如此！大自然如此精准而不动声色地谋划好一切，从蟛蜞菊身上，我们仿佛窥见了它的小秘密。

我与明珠拿来放大镜。我们要细细地看一看这朵我们叫作“花”的花盘，或者叫“头状花序”吧！先掰开边上的一圈黄色的花瓣，它的尖端有两个小分裂，一圈下来，这些小分裂扩张了视觉效果，这圈

①正宗的“蟛蜞菊”目前几无栽培，平常所见到的99.9%都是“三裂叶蟛蜞菊”，本书将三裂叶蟛蜞菊简称为蟛蜞菊了。

合围的花瓣叫作舌状花，它不管传粉；花盘中间向上拱，里面是无数的管状花，管内有子房、雄蕊、雌蕊，黑色的花柱，它们负责生育。

放大镜将蟛蜞菊的结构“解剖”出来了。它的花瓣为什么要这样聚居呢？一切都是为了最大可能地繁衍。这是一种集约方式。同时，黄澄澄的颜色对蜜蜂构成极大的诱惑，蟛蜞菊一开大半年，蜜蜂迟早会有机会访问蟛蜞菊。

南美蟛蜞菊原产南美洲，生命力顽强。被引进到华南地区后，有很多逸出成为野草，“野火吹不尽，春风吹又生”，它是越来越多了。

我摘了一支，插在玻璃瓶养着。

折口处我闻了一下，一股橄榄油般的清香扑来，令我想起“提神醒脑”一词。

观察思考

1. 南美蟛蜞菊叶子是什么形状?

（1）有三裂　（2）圆形

2. 南美蟛蜞菊的花是什么颜色?

（1）红色　（2）黄色

3. 寻找并解剖一朵野外的小菊花，找出它的管状花和舌状花，记录当天的日期。

三叶鬼针草，随你走天涯

Bidens pilosa var. radiate

中文名： 三叶鬼针草

拉丁学名： *Bidens pilosa* var. *radiate*

别称： 三叶鬼针、鬼黄花、山东老鸦草、婆婆针、鬼骨针

科： 菊科

属： 鬼针草属

分布： 原产美洲。中国华东、华中、华南、西南各省区都有分布。

某天晨跑，一株开着小白花的草在楼台旁斜逸出，快要拂到我的脸了。那是我第一次见到它。后来想，或许从前也看过它，只是视而不见罢了。这次心里“看见”了，牢牢牵挂。它是什么呢？高不过一米，叶子通常三片，偶尔见到有五片。从茎叶和花来看，都像是菊花家族。但园丁说他也不懂，“这是野草，不是我们种上去的。”他答。

有一天，我忽然梦见它了，但仍然不知它的名字。醒来觉得很奇怪，脑海里忽然浮现出“鬼针草”三个字，这几个字写在草药酒瓶身上。那是已经回韩国的勇伯先生留下的药酒，他借居沙亭期间，暇时

在附近采摘草药泡酒自娱。明珠的嘴角过敏红肿，勇伯先生曾取此药酒帮她外涂，第二天就好了。想到这里，等到周末，我跑回沙亭拿出此瓶酒细看比对，果然里面的野草就是我想知道的这种草，原来它叫三叶鬼针草啊！全株可入药，功可清热解毒，消肿去淤。

从此便时时处处见到三叶鬼针草的影子了。山间、屋旁、草坪空隙，它似乎遍布天涯海角。在帽峰山下的村落，明珠与加加在乡

间穿梭，完全没有预兆，一秒钟发生的事情：加加的裤子上全部沾满鬼针草的刺。加加完全呆住了。在金沙洲的金刚禅寺后院，在寻找小蓬草时，他们的衣服再次被鬼针草的刺勾上，直到回到家，才能慢慢拔去。

我们取出放大镜，细看这刺的样子。原来它不止是"刺"，是带刺的果实，头状花序上的花谢后，结了满头瘦果，线状，前端有两根带倒刺的角，表面也布满倒刺，角上的刺与其他刺方向相反。难怪它这么爱缠人了。一旦碰到人或动物，它能牢牢地粘住对方的，这样，你到哪儿，它也到哪儿，无论天涯海角。这是植物传播种子的一种方式。

千百年来，鬼针草都是这样搭乘便车散播种子。像加加这样裤子被鬼针草种子勾搭上的情节在1948年上演时，有了神奇的变化。

山间、屋旁、草坪空隙，它似乎遍布天涯海角。

那年，瑞士工程师乔治•德在外散步，同样被刺缠上，为什么它能勾住他的裤子这么长的时间又这么牢固？他感到十分惊奇。回家后，他在显微镜下观察与研究，若有所思。又经过了八年的研发，他模仿鬼针草的刺结构，发明了一个便利工具，命名为“velcro”，尼龙搭扣，即魔术贴。今天，明珠和加加运动鞋上的搭扣能轻易粘稳，用的就是魔术贴。其最初的灵感便源自于鬼针草。

植物身上还有多少的奥秘等待我们去发现呢？向大自然学习。

观察思考

1. 三叶鬼针草一枝上叶子有多少片？

（1）1片　（2）3片

2. 鬼针草的果子是瘦果，它是什么形状？

（1）线状　（2）圆状

3. 寻找家附近一株鬼针草，拍下照片。记录当天的日期，观察它当时的花或果实的状况。

喷射机

红花酢浆草

Oxalis corymbosa

中文名： 红花酢浆草

拉丁学名： *Oxalis corymbosa*

别称： 花花草、夜合梅、大叶酢浆草、三夹莲、铜锤草、紫花酢浆草、酸味草

科： 酢浆草科

属： 酢浆草

分布： 在河北、陕西、华东、华中、华南、四川和云南等地都有分布。原产南美热带。

从前有大半年的时间，我每周开车回一次郊外，父母的宅基地屋在重建。巷子深处有些没人住的老屋，青砖碧瓦的墙根，长着很多杂草。偶然之下，我探下身子细看它们，其中一种正在开花的吸引了我的眼光，它小小的，紫红色，五瓣，花瓣深处有竖条纹。它们的叶子饶有意味，三片心形叶子，倾斜互交连接。正是春天，早上的阳光洒在叶和花上，和煦温暖，微风掠过，花儿摇曳，这是令人心醉的微景。当我离开时，远远地回看，如无那一俯就过的细察，这花这叶都将变得如此不起眼，不会轻易被“看见”，就像我这么多年一样，从来没有“发现”过它。

红花酢浆草还有一个特点，它的花白天开，晚上闭合，像睡莲一样。

但“看见”过，就再也忘不了。

这是红花酢浆草，酢浆草属。酢，读作cù，读音与“醋”相同。《本草纲目》中对酢浆草的记载是“其味如醋”。也就是说它的味道是酸酸的，难怪广东人又叫它作“酸微草”或“酸味草”。

我想尝一下它的味道。然后发现机会是如此之多，因为它分布太广泛了，资料说除了南北极，几乎遍及全世界。随便一片花园或草地，都能找到它的影子。居住的小区也不例外。我摘下一片它的叶子，嚼了嚼，果然是酸酸的，茎也是。

有一次，我在大片的日本星花旁边观察蜜蜂。然后发现很多的红花酢浆草在其间星罗棋布。那是周末的正午，阳光辣辣地照射下来。我的视线从蜜蜂转移到红花酢浆草上了，我想它是怎么来到这里的呢？这分明是星花的阵地啊。我轻轻碰了一下它的叶子，然后神奇的事情发生了，有些细粒状东西像是从喷射机里发出一样，速度之快，我甚至来不及反应，等我回过神来，它已经飞出了一米多远。原来，是红花酢浆草的果子成熟了，它是蒴果，在内在压力和外力（有时可能是一阵风）作用下，它的种子将被喷射出来。蒲公英的种子随着它的“伞”随风飘荡，橡树的种子由松鼠搬运，而红花酢浆草的种子，却是自身喷发而出，就像喷瓜一样。我一下子明白了这里为什么有那么多的红花酢浆草。

红花酢浆草还有一个特点，它的花白天开，晚上闭合，像睡莲一样。它的叶子三片，掌状复叶，形态异美。和它类似的叶子有著名的植物“三叶草”，又叫“幸运草”，广受爱尔兰国民的喜爱。无独有偶，自古以来，中国有一种古老结饰，象征幸运吉祥，它因形状类似酢浆草的叶子，所以也叫“酢浆草结”。植物赋予了人们多么丰富的灵感啊！

观察思考

1. 红花酢浆草叶子是什么形状？

（1）椭圆形　（2）心形

2. 红花酢浆草的种子是如何传播的？

（1）自射喷发　（2）昆虫传播

3. 练习打酢浆草结。

野草们的春天

Lindernia crustacean

中文名： 母草

拉丁学名： *Lindernia crustacean*

别称： 四方拳草、蛇通管、气痛草、四方草、小叶蛇针草、铺地莲、开怀草

科： 玄参科

属： 母草属

分布： 中国秦岭、淮河以南以及云南以东各省区都有分布；热带、亚热带广布。

夕阳中，在小区门口等加加的到来。好久不来。我靠在半墙上，阳光晃眼，转过身便是齐肩的篱笆泥地，整排都是修剪成平头的栀子花树，十一月，不是它开花的时节，看上去它们像是平庸的灌木丛。然而令人惊喜的一幕此时出现了，齐视线处见到灌木丛底有很多小草小花，它们低伏在灌木根底，却又在空隙中生机勃勃。单单是蕨类，就有海金沙、华南毛蕨、骨碎补和观音座莲，就不要说一点红和冲天黄了。这是半高的绿化用墙体，园丁只种植了栀子花树。这些茁壮成长的花草们，是从哪里来的呢？

一个微雨天，我经过小径铺满结缕草的草坪旁，不期发现结缕草间出现了很多的小花，一律的淡紫色或紫白色，花朵冠筒状，不齐整，像裂开的上下嘴唇，上部的花瓣有一片像被压扁了。我以为这片花瓣是被雨水打歪的，用手指理了一下，它不为所动。后来知道它就是长成这个样子的，是花朵适应自然的结果，这一片花瓣的构造像机坪，也是“机关”，方便昆虫降落从而“顺便”帮助花儿授粉。这样的花这里一撮，那里一撮。它们如此微小低伏，一眼看去，我以为它们都是一个种类。后来发现，它们不是一种，是很多种，分别是母草、泥花草、陌上菜和通泉草。辨别植物之间的细微区别最能锻炼耐心和提高观察力。加加和明珠开始是投降了，我们用了很长的时间才分辨清楚：母草的叶子是对生稍圆的；泥花草叶子尖锐；陌上菜的茎是挺立的；通泉草叶子看上去像是从根部齐发

母草

的样子平铺生长的。它们都属于玄参科植物，花朵形态有共性，花瓣参差不齐。1735年发表的经典论著《自然系统》里，“二名法”的创始者瑞典植物学家林奈就是根据花朵特征对植物进行分类的，这种分类法沿用至今。开始我们只盯着花儿，难怪分不清它们谁是谁了。可问题是，这些花儿哪里来的呢？我敢肯定，园丁在打理这片结缕草坪时，可没有心思去手植这些野草们。

有一天，我们游转到城市的另外一端，明珠与加加在空地处跳绳，我蹲在小草坪旁，惊讶地发现，这里也是有母草、泥花草和陌上菜！

母草

陌上菜

泥花草

通泉草

野火烧不尽，春风吹又生。野草们在大地上自由生长，随着土壤移民！每块土地都蕴含着丰富的生命。每深耕20厘米深土壤，每平方米上就可能有几千颗种子被翻出来。它们在等待发芽的时机，几个月、一年、几年，甚至上千年。1923年，日本学者大贺一郎在我国东北做地质调查时，在当地泥炭层中采到一千年以前的古莲子，并使它发了芽。只要发了芽，它们就会生长、开花、结果，种子又跌落，埋在泥土中。生命新一个等待与轮回又开始了。

观察思考

1. 泥花草、陌上菜和母草最相似的是什么器官？

（1）花朵　（2）叶子

2. 母草花朵是什么形态？

（1）完整花瓣　（2）不完整花

3. 寻找家附近一块草皮，记录当天的日期，观察这块草地上共有多少种形态不同的植物，拍下照片。

红刺林投

Pandanus utilis

中文名： 红刺露兜树
拉丁学名： *Pandanus utilis*
别称： 红刺林投、红章鱼树、红林投、麻露兜树、麻露兜、麻荣兰、野菠萝
科： 露兜树科
属： 露兜树属
分布： 原产马达加斯加，现传播至全世界亚热带与热带地区。

马达加斯加是一个神奇的国度。这个非洲热带岛屿不但有动画片里那样梦幻的海底世界，更是生长了很多奇特的动植物，其中13000种植物里，约七成都是岛上独有。随着经济的发展，马达加斯加的植物也去到了世界各地。我们见到，小区至少有两种祖籍是马达加斯加的植物：一种是旅人蕉，另一种就是红刺林投。它们都在游泳池边错落分布。

这个夏天，明珠学会游泳了。她在水里一扑一扑地从红刺林投的倒影这边，游至长着旅人蕉的那边。我在岸边目光梭巡着水里的明珠，同时偷空端详着这几株美丽的红刺林投。

这些水边的植物，由支柱根撑着，远远地看，它们就像章鱼爪，人们也称红刺林投为“红章鱼树”。

它的底部由支柱根围长着，既起稳固树干的作用，又可以帮助吸收营养。遥想它在老家吧，这些水边的植物，由支柱根撑着，远远地看，它们就像章鱼爪，人们也称红刺林投为“红章鱼树”。

它的叶子在茎顶簇生，每片长得都像一把剑一样，叶多处分布着红色锐刺，因此得名“红刺林投”；叶片呈三棱螺旋排列，有些人又称之为“时来运转”“步步高”等。这样美观而有特点的叶子用途是很广泛的：叶片斑纹细致，又耐放，是不可多得的切叶[1]良品；叶子因为纤维丰富，大受青睐，成为编帽编筐的原材料；同是海岛的台湾美族，用这些叶子做成美味的“林投叶糯米饭”。

它的花朵与果实呢？红刺林投和苏铁一样，雌雄异株。就是说，有些树是雌性，有些树是雄性。雄株开白花，呈伞状着生，花药线形与花丝等长，很香；雌株花朵顶生，穗状花序，白色佛焰苞[2]，它结的果实，外形似菠萝，成熟时为红色，极具观赏性，因此也叫

①用于插花的花叫切花，用于插叶的叶叫切叶。
②佛焰苞，肉穗花序被形似花冠的总苞片包裹，此苞片被称为“佛焰苞”，天南星科植物特有。

“野菠萝”。不过呢，作为水果来说，它的果实含有过于丰富的纤维，嚼起来口感比真正的菠萝逊色很多。

可能是移植的时间还不够长，此处的红刺林投，既没有花，更没有结果。即使有，它的种子也成熟得比较缓慢，需四至五个月时间，采收期为十一月、十二月。现在，仍然是八月盛夏。

在同一个地方生长，雌株的叶子会比雄株宽1厘米。我在这几棵红刺林投间比较，辨别它的雌雄。而这几棵有的大有的小，显然不是同一时期发芽成长起来的，“雄兔脚扑朔，雌兔眼迷离。双兔傍地走，安能辨我是雄雌？”在它们开花前，我分不清它的雌雄。

这几棵已经在这里安住，从此都是我们的邻居，相信我们能等到它开花结果的一天。红刺林投的果子外皮非常硬，不易磨损，野生状态时，果实成熟跌落水，它们随着水远走他方，落地生根。如果在这里的果子成熟了呢，只会跌进游泳池里去了！

观察思考

1. 红刺林投根部是什么形状？

（1）椭圆形　（2）章鱼爪

2. 成熟的雌株红刺林投果实是什么颜色？

（1）橙色　（2）红色

3. 寻找一株红刺林投，取下它的叶子，做一盆切叶花艺。拍下照片。

细织天成

小叶冷水花

Pilea microphylla

中文名： 小叶冷水花

拉丁学名： *Pilea microphylla*

别称： 透明草、小叶冷水麻、小金晶

科： 荨麻科

属： 冷水花属

分布： 分布在亚洲、非洲热带、南美洲热带、台湾岛以及中国大陆的江西、广东、广西、浙江、福建等地，多生长在路边石缝和墙上阴湿处。

是偶然发现小叶冷水花的。在小区的长椅子上稍坐。对面花基底部怎么有一小片的苔藓？走近细瞧，太美了，不是苔藓。它匍匐着散开，小小的，不过10厘米长。叶子最奇，虽米粒般小，质地却肉墩墩的，一片大一片小，这边长那边短，模样仿佛就是自然女神织就的小披肩，碧秀清丽。

小叶冷水花的茎在阳光下看，更加透明，所以又叫透明草。楚楚如常问：“这东西它有什么用呀？”用处可真不少。可以焯着当野菜吃，可以涂在蛇虫叮咬伤口处，可以当药煎水喝，能消炎，去除痈肿。

我们没吃过小叶冷水花，是把它当作宠物草来养的；然而它不需要我们用养宠物的态度对待便能生长。它太易长成了，在花基处拔了一小撮出来，根就露出来，它只是浅浅地沾在地表上。移它至阳台的花盆去，这个花盆还是有主人的，种着一棵兰草。小叶冷水花只是在边上占据些位置，然后它就自由地长呀，长呀，你看不看它，它都在长，更绿，铺得更开阔，偶然一看，又赏心悦目。

小叶冷水花的茎在阳光下看，更加透明，所以又叫透明草。

它的故乡在南美洲。是荨麻科植物里面少有的没有刺毛的。荨麻科家族的植物为了自保和退敌，纷纷长着能让人过敏的长短刺，唯小叶冷水花，温柔地生长，不争不吵，低调地存在着，保持了比其他花草更强悍的生命力和传播力。1928年，台湾首次发现了它，并登记在案。多少年后，它已经遍布海内外，人说“有饮水处，就有柳永词”，小叶冷水花如柳词，处处见。只要你低头定睛，往泥草地看，保准有它。有一次，我在广州三元宫大殿前的石头墙壁间隙发现了它，小叶冷水花还会攀着岩长呢。虽然是一年生[①]的草本，但它不断地开花结果，你不会感觉到它有结束的时候，以为它是永远在长着的。

在南美洲，小叶冷水花又叫作“礼花草”，因为它在花开时节，场面隆重而盛大，震动叶茎，轻盈而密集的花粉“嘭”飞散开来，犹如礼花。这一切的美丽，都是在低

①在一年期间发芽、生长、开花然后死亡的植物。通常是草本植物，因此又称为一年生草本。

处默默发生的。高大的人类如不低头，享受不到这番烟花美景。

我们将最大的一片小叶冷水花摘下，做成了干品，压在饭桌的透明垫下，好一朵细织天成的小叶冷水花。

冷水花属是荨麻科里最大的家族，除小叶冷水花外，还有大叶冷水花、冷水花等。大叶冷水花叶子墨绿而大片；冷水花是叶片绿白相间像网格，有手掌般大，常被人养来案上观赏。但论袖珍可爱，还是小叶冷水花第一。

观察思考

1. 小叶冷水花的叶子是怎样的？

（1）对称　（2）不对称

2. 小叶冷水花的茎有什么特点？

（1）透明　（2）黑色

3. 寻找家附近一株小叶冷水花，记录当天的日期，观察它当时的状态，并制作标本。

英雄之花

木棉

Bombax ceiba

中文名： 木棉

拉丁学名： *Bombax ceiba*

别称： 攀枝花、红棉树、加薄棉、英雄树、吉贝、烽火树、斑枝、琼枝

科： 木棉科

属： 木棉属

分布： 热带及亚热带地区广泛分布。

有一次在微信上描述冬天的冷，北方的朋友笑了：广州有冬天吗，有四季吗？

有的。

至少广州的市花木棉，它长得四季分明。夏天它平展的枝干上长满掌状叶子，绿油油；秋天叶子变色了，浅黄变深；冬天叶子掉光了，仿如寒冬凄木，它们就那样秃秃地高高大大地笔直生长着，有的达10多米高。木棉树在广州的陵园西路、中山纪念堂、公园角落等地都有很多。一年的夏秋冬

春天来了，大约就是学雷锋的三月份，木棉花忽然火红起来了，全城瞩目。

三季，你很少注意到它的存在。春天来了，大约就是学雷锋的三月份，木棉花忽然火红起来了，全城瞩目，引发无数街拍：整棵树基本没有叶子，一朵朵橙红硕大的木棉花在枝头绽放，每朵可以持续盛放14天，就这样一朵一朵相续，微雨淅沥的春天就过去了。如同台湾民谣《木棉道》所唱的："红红的花开满了木棉道/长长的街好像在燃烧/沉沉的夜徘徊在木棉道/轻轻的风吹过了树梢/木棉道我怎能忘了……/啊爱情就像木棉道\季节过去就谢了。"

不止如此。作为别称"英雄树"的木棉，它的气质更像是香港歌手罗文所唱的《木棉》："红棉盛放/天气暖洋洋/英姿勃发堪景仰/英雄树/力争向上/志气谁能挡/红棉怒放/驱去严寒/花朵竞向高枝放/英雄样/万众偶像/红棉独有傲骨干/我正直无偏英挺好榜样/有上进雄心坚决争光/结棉子/借风飘/四方树苗坚壮。"

木棉树是阳性树，气质刚猛，著名诗人舒婷在《致橡树》中写道："我必须是你近旁的一株木棉/作为树的形象和你站在一起。"它的形象是如烽如火。据古籍载，南越王赵佗曾在公元前2世纪向汉室天朝献上木棉树一株，那时叫"烽火树"。

曾在旧居近距离观察过木棉花。令人惊叹的是，木棉树为了

代代繁荣下去所创造的生物传奇和它的决绝与全力以赴——木棉花的雄蕊分两圈约几十根围着中间高而壮的雌蕊。花瓣刚展开时，是向下弯曲的，雄蕊上有花粉，非常方便蜜蜂和暗绿绣眼鸟等昆虫和鸟类的探访；此时中央的花柱头仍紧闭，以免自花授粉；两三天过去了，花柱的五个裂片分开，蜜蜂和鸟来吸花蜜时，必然接触到柱头，达成异花授粉，从而令种子得到优秀基因结合。当一朵花内的雌雄蕊都完成传粉任务而萎缩时，花的外观仍然保持往上伸直，形成壮观的花海吸引鸟类（看到很多街拍的照片里有白头翁）前来采另一朵花，它们坚持到花季结束才掉落。捡起掉到地上的木棉花，里面没有雌蕊，因为花柱仍停留在枝上与将发育成果实的子房连在一起，它要完成帮助结果的最后一程。知道木棉树有花无叶，有叶无花的秘密吗？那是因为，叶子茂绿期正是它通过叶子吸收营养贮备到树身，以供给花朵盛放时消耗。木棉花就是这样一程又一程地完成它的壮丽繁衍过程。

具有如此“英雄狭柔”之风的木棉树一身是宝。木棉树皮可入药；木棉花具有祛湿功能，可煲汤，是著名凉茶“五花茶”的原料之一；木棉果实里的丝棉可以做保暖填充物。

观察思考

1. 木棉开花时有什么特点？

（1）枝叶茂绿　（2）全树基本无叶

2. 木棉的树干有什么特征？

（1）绿色　（2）长有瘤刺

3. 想象一棵木棉，你最喜欢它哪个部分，花、果还是叶子？手绘一张木棉印象图。

有距离的爱，美丽夹竹桃

Nerium indicum

中文名： 夹竹桃

拉丁学名： *Nerium indicum*

别称： 柳叶桃、半年红、甲子桃、红花夹竹桃

科： 夹竹桃

属： 夹竹桃

分布： 热带地区广有分布。中国各地，尤其在南方，在公园、风景区、道路旁都有种植。

很多植物以有“毒”著称，又因此被人类“善用”成为了药，如马钱子、乌头、附子，都是著名的中药。又如“箭毒木”的液汁被土著人涂在箭上，猎物如被射中，跑不出20步，就会倒下，江湖上称它为“见血封喉”树。

城市中最常见而又有剧毒的，当数夹竹桃，一般是绿化部门种植的。

小区外面的学校旁边就有一排。

夹竹桃被误食中毒的新闻时有，美国、台湾和香港都有案例报告，在印度还有用它来自杀的。国内曾有报道：“动物园游客喂食夹竹桃叶，毒死羊驼和小熊猫。”夹竹桃到底有多毒？它是

全株都有毒，叶、茎、花和花粉。7~11片叶子就能致一个成人死亡；将它的枝折下来搅拌粥，也会中毒身亡。据研究，起作用的是一种叫夹竹桃苷的有毒物质，它分布在夹竹桃的体液之中。

当我告诉明珠夹竹桃的“毒害史”后，她每见到夹竹桃都要一惊一震，不敢触碰。她问那为什么到处都有夹竹桃呢。我告诉她事物都是有两面的，有毒的东西同时也可能很有用。曾有园丁告诉过我，说有些绿化工程是包干制的，种植夹竹桃比较“经济”。

夹竹桃很容易种植，2~3年就长成林了；它的叶子上有一层蜡，不畏寒冷；它很强悍健康，害虫不欺；它是“环保卫士”，极抗烟雾、抗灰尘、抗毒物，特别是对二氧化硫、氟化氢、氯气等有毒气体有较强的抵抗、吸附作用。

还有，夹竹桃的茎如竹，花如桃，非常美丽，一年可开春、夏、秋三季，是国内外园林美景之选，法国很多庭院就布植着夹竹桃。在广州的某些地方，站在路边就可近距离观赏到它：叶片如柳，三片一组绕枝向外生长；夺目的是它们的花，浅粉浅白，一丛丛错落有致。微距观察，惊奇地发现：夹竹桃的花冠有两重，5片花瓣组成花冠，花冠内还有宽鳞片

状副花冠，而且每片副花冠的顶端撕裂，并伸出花冠喉部之外。这样的形态十分细腻与神秘，为什么长成这样，或许上帝会知道。

动植物有毒，要么是为了捕食，如蜘蛛、蛇、蝎子、水母；要么是为了防卫，如蜜蜂、白蚁、黄蜂。夹竹桃不会动，也不捕食，它的“毒”大概也是为了“防御”。只要我们充分了解它的特性，合理安排种植地点，人性化管理，如挂个提示牌等。与夹竹桃保持恰当的距离，我们就能以愉快的心情欣赏它的美丽，并享受它带来的环保成果。

观察思考

1. 夹竹桃叶子是什么形状？

（1）披针形　　（2）卵形

2. 夹竹桃的花朵有多少片花瓣？

（1）8片　　（2）5片

3. 寻找家附近一株夹竹桃，记录当天的日期，观察它有没有果子、花朵和落叶，并拍下来。

三

颜色。花儿有着缤纷的色彩，浅紫的含羞草、金黄的阿勃勒、洁白的栀子花，两色的金银花，还有五颜六色的马缨丹……世界因它们而美丽。

鸡冠刺桐

Erythrina crista-galli

中文名： 鸡冠刺桐

拉丁学名： *Erythrina crista-galli*

别称： 鸡冠豆、巴西刺桐、象牙红

科： 豆科

属： 刺桐属

分布： 原产巴西，秘鲁、菲律宾、印度尼西亚以及中国的台湾、云南西双版纳都有分布。

春天的广州，细雨淅淅沥沥。早上跑步，要看天空的心情，趁雨歇，赶紧去。转角处，忽然几株鸡冠刺桐亮了——在三片叶子的枝丫间，冒出了火红的花朵，花朵是奇特的样子，像一只只骄傲的鸡冠朝天空展翅，有的几只扎堆开放，有的在一串上次递开放。这样的花冠叫作“蝶形花冠”。鸡冠刺桐花有5片花瓣，分别是旗瓣一片、翼瓣两片与龙骨瓣两片。旗瓣位于花冠的最外面，是5片花瓣中最大片、最亮眼的一片；翼瓣很小，隐藏在花萼里；龙骨瓣偶尔会部分结合在一起。

这样奇艳而结实的花朵很瞩目，每跑到这个转角，我的眼睛就一亮，心情更好。因为这些花，我注意到这种树——

鸡冠刺桐花有5片花瓣，分别是旗瓣一片、翼瓣两片与龙骨瓣两片。

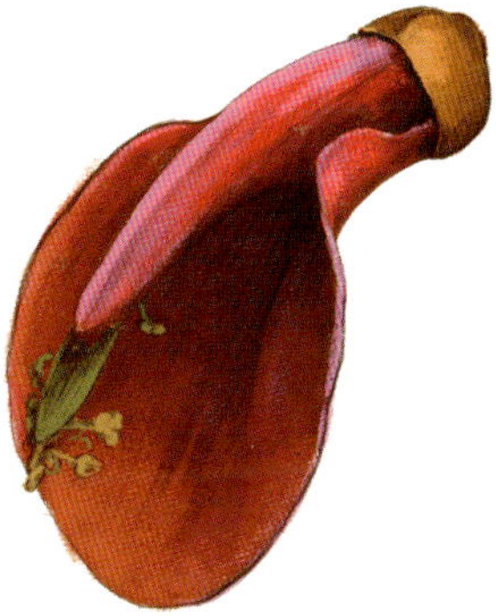

鸡冠刺桐。小区转角处，几棵鸡冠刺桐棋盘般分植，空军大院也有一排列植，它们约5~8米，没有旁边枫树矫健，也没有红绒球的低矮，恰到好处。隔一阵，湿漉漉的地面又有一地的落花。雨停了，我便和明珠去拾起，将它的花瓣拿回饭桌上一片片细看，越看越喜欢，花儿这模样，天然构造，造物神奇。

刺桐属的植物有200多种，鸡冠刺桐位列其一，源自南美。其中6种中国古而有之。早在13世纪，意大利犹太商人实录了福建泉州风物，他写成的手稿叫《刺桐见闻录》，“刺桐”代指泉州。今天，“刺桐”仍然是泉州的市花。因鸡冠刺桐，我问过福建的同学是否知道刺桐的这些历史，她说知道一些。

一天，园丁肖师傅整理鸡冠刺桐下的土壤，

翻出一些根来，我见到了鸡冠刺桐的根瘤。很多豆科植物拥有根瘤，如豆类、花生等。植物根部长出瘤，大多是为了固定“氮”这种营养元素。固定氮依靠瘤部的微生物帮助，而植物又为微生物提供营养支持，如此共生互助。氮、磷、钾是植物生长的营养“三剑客”。我曾请教从事农事多年的乡人氮有什么用，回复说可以肥叶子。我不禁望向鸡冠刺桐的叶子，它们郁郁葱葱。园丁不用对它施氮肥了吧？鸡冠刺桐的根部自己就可以制作氮肥了，多么省便。

鸡冠刺桐的根

豆科植物还有一个特点：果实是荚果[①]。曾经观察到旁边的红绒球长出尖尖像兔子耳朵的果实，它也是豆科植物。只是我没有想到，相对豆类来说，小乔木状高高的鸡冠刺桐，也是豆科植物。它的花儿有些高，春天过去了，它会结果吧？会有虫子帮它授粉吗？它的果实俗称鸡冠豆，到时我会带明珠来看望它，量量鸡冠豆有多宽多长。啊，但愿我们够得着它。

①荚果，由心皮发育而成，成熟时果皮沿背缝线和腹缝线开裂。

观察思考

1. 鸡冠刺桐花朵是什么形状?

（1）椭圆形 （2）鸡冠形

2. 鸡冠刺桐属于什么类型?

（1）乔木 （2）灌木

3. 寻找一株鸡冠刺桐，记录当天的日期，观察它当时叶子、花朵和果实的状态。拍照片。

阿勒勒、黄金雨或腊肠树

Cassia fistula

中文名：阿勃勒

拉丁学名：*Cassia fistula*

别称：腊肠树、金急雨、金链花、黄金雨、波斯皂荚、牛角树等

科：豆科

属：决明属

分布：主要分布于热带、亚热带地区。

地球上的生物有2000多万种，被命名的约有200万种，植物大约有50万种，当中开花的被子植物约有30万种。据说能记得3000种植物名字的人就很了不起了。人类的好奇心在于，见到陌生植物，第一个问题是：它叫什么？

阿勃勒这种树，它叫什么名字，这个问号在我心里存了很长时间。

天天上下班经过的路两旁全是它。多年来，它都是我视而不见的行走背景。直到有一个秋日，我抬头，忽然发现树上结满腊肠般的荚果，尺余长一条一条的垂满树枝。我捡起它掉下来的一根荚果，非常坚硬，敲开里面，有少量黄色的瓤状黏液。每个荚膜住着一颗小指头大的种子。它长长的挂果状态持续几个月，也不经常掉在地上，以至我常常奇怪它满树的荚果最终都去了哪里。幼儿园放学匆匆步伐中，与小朋友，还有小朋友的家长讨论过它是什么。有家长说是皂荚，有说是巴豆。不是的，这两种我认识，皂荚两端是尖的，像荷兰豆，而它两头是圆的；巴豆就离得更远了，虽然也是从枝上一串吊下来，但巴豆每粒都是卵圆形，每粒一般有三棱。

阿勃勒的叶子为一回偶数羽状复叶，其叶在枝条上互生，但小叶在叶轴上对生，匀称优美。春末夏初，及至秋天，更美的景象上演

阿勃勒的叶子为一回偶数羽状复叶，其叶在枝条上互生，但小叶在叶轴上对生，匀称优美。

了。这种树开满黄金般的花朵，很长的一串，花朵从花茎的根部向尖端处次递开放，是垂向地面的。树是高大乔木，有三层楼高，而花就像黄金瀑布似的。繁花自在，树下是川流不息的车辆。

有一年，我走在泰国的路上，见到同样的花在一棵树上，连忙请教当地导游。原来啊，它叫阿勃勒！是泰国的国树。它满树的

树是高大乔木，有三层楼高，而花就像黄金瀑布似的。

阿勃勒
（夏菁供图）

黄灿色酷似泰国皇宫的色调。英文名为Golden shower tree，意为黄金雨树。因为果子形似腊肠，港台和国内等地方人们通俗地叫它“腊肠树”。腊肠树各部分可作药用，树皮含单宁，可做染料，种子埃及人曾用来做泻药。

黄色和紫色是最能吸引蜂类的颜色。阿勃勒的传粉者是一种大型的蜂类，花开时节阿勃勒大面积的花海就是它“招蜂引蝶”的法门。蜂们飞到正在盛开的花上，停在花间，吃花中心部分的7个花药，过程中产生碰撞，花粉会黏在蜂的腹部，柱头上面有个凹洞会把蜂身上的花粉蹭下來，如此授粉的工作愉快完成。

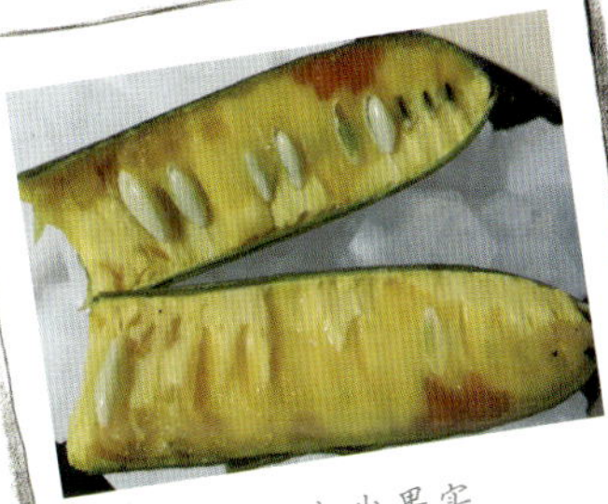
阿勃勒果实

我未曾在有阿勃勒的路上见过这种蜂。树又太高。但从开花到结果的过程来看，腊肠树的这个事实是每年都静静地发生着。也许，我应该买个望远镜，观察和见证这个授粉的奇妙一刻。

观察思考

1. 阿勃勒叶柄上的小叶子是什么形态？

（1）轮生　（2）对生

2. 成熟的阿勃勒果是什么颜色？

（1）白　（2）黑褐色

3. 说一说你最喜欢阿勃勒的哪个部分，果实、花，还是叶子，为什么？

从尖尾枫到艾纳香

Callicarpa longissimaa

Blumea balsamifera

中文名： 尖尾枫

拉丁学名： *Callicarpa longissimaa*

别称： 粘手风、尖尾枫、长叶紫珠、穿骨风、大风药、大风叶、风草、赶风柴、赶风晒

科： 马鞭草科

属： 紫珠属

分布： 台湾、越南以及中国大陆的广西、四川、广东、福建、江西等地都有分布，多生长在山坡、荒野以及谷地丛林中。

中文名： 艾纳香

拉丁学名： *Blumea balsamifera*

别称： 大风艾、冰片艾

科： 菊科

属： 艾纳香属

分布： 云南、贵州、广西、广东、福建和台湾都有分布。印度、巴基斯坦、缅甸、泰国、中南半岛、马来西亚、印度尼西亚和菲律宾也有分布。生于林缘、林下、河床谷地或草地上。

尖尾枫是在南方旷野荒地、山谷和村庄附近生长的一种灌木，或小乔木。

在我探访亲见之前，它一直存在于我们的家族传说之中。这株植物有神奇的故事。我的母亲，她多年来反复叙述一桩往事：年少时，外婆一次打她，失手打到脑袋上，外婆手腕上巨硕的镯子砸碎了，她的脑袋被砸得隆起一个包，由于在脑门附近不好处理，于是没有特别处理，肿包随着时间过去渐渐消平。但从此母亲便有了严重的头痛病。一有风吹，头必剧痛不已。发

尖尾枫

尖尾枫是在南方旷野荒地、山谷和村庄附近生长的一种灌木或小乔木。

作期她不得不常包着头，夏天也不例外，这种头痛别人很难理解。多年后，她遇到一位广州近郊的远亲，这位亲戚在详听病情后分享了一个验方，告诉她：你用这个洗头吧。方子的唯一主角就是尖尾枫。母亲采摘它的鲜叶，煲水洗了两次头，便不痛了。

艾纳香

今年，身边几个朋友都在陈述自己有累年不治的头痛。我便想起“尖尾枫”来。听母亲说，近郊被弃住的旧村落里就生长有“尖尾枫”。按明珠的说法，那村落就是不用花钱买房子的“小区”，其间废墟残垣，蛇虫出没，荒草满巷。四月，明珠、母亲、小思和阿润我们一行五人拿着打蛇的木棍，深入到一条巷子的尽处。长长的巷子只住了一位99岁的独居老人。我们进屋探望，她已经很老了。经过这条巷子的村民多半是为了“尖尾枫”而来，她指点我们：巷子的尽头，便有几丛“尖尾枫”。我们采摘了“尖尾枫”的鲜叶和枝条，又移植了两棵。

医书有载尖尾枫作为草药的功效：“祛风散寒，活血消毒，治风湿骨痛，风寒咳嗽，寒积腹痛，无名肿毒，跌打损伤。”传说中的“尖尾枫”在广州白云区小有名声，附近村民很多懂得如何用它，如产妇坐月子期间用它煲水洗澡；又有将它的根晒干切小段，加整鸡煲汤喝。

然而当我后来下笔记述“尖尾枫”时，被惊住了：《中国植物志》等资料上显示的尖尾枫与我实地采摘的“尖尾枫”标本有差

艾纳香

异。书上叫尖尾枫的植物开紫色花，而我采摘的开黄色花，再细看，尖尾枫叶子对生，而我采摘的这株植物叶子互生。是不是这种植物有几种颜色的花？同时我开始怀疑母亲与乡人的回忆有误：要么认错植物，要么叫错名字。我开始了“考证”之路，也学习与见证了一堂植物分类课。华南植物园的蚁伟民老师请同事鉴定出了我采摘的植物属于“艾纳香属”，这个属有近20种植物，到底它是哪一种呢？二月的一个下午，我在华南农业大学林学院李镇魁老师的办公室，看着他逐一查资料，并与标本图片比较辨别：艾纳香，高1~3米，茎被黄褐色密柔毛，上部叶子细长披针形，长7~12厘米；下部叶子长圆披针形，长22~25厘米，叶子侧脉10~15对；柄的两侧常有1~3对狭线形附属物；头状花序多数，径5~8毫米，花黄色，花冠细管状。每一个细节的描述都与实物吻合。最后确认了，先前乡下一直误叫“尖尾枫”的植物是艾纳香属里的艾纳香！巧合的是，艾纳香也是药用植物，功效与尖尾枫有相同之处。艾纳香属也是傣族、壮族等民族用得很广泛的草药，它是提取冰片的原料，所以又叫“冰片艾”。

植物的治病奇效，古今中外都有。如南美的金鸡纳树提炼的奎宁可对付疟疾；北美的紫锥菊治疗感冒；更不要说我们中成药三九胃泰和银翘解毒丸，都源自草本植物。

不过，从尖尾枫到艾纳香的案例，是亲历的，尤感神奇。后来再访艾纳香时，它已经被铲掉，据说要旧村重建了。那位99岁的老人，也刚刚离世。这个离奇的误传，也无从考究了。

观察思考

1. 艾纳香叶子是什么形状？

（1）披针形　（2）圆形

2. 尖尾枫花是什么颜色？

（1）紫色　（2）黄色

3. 比较尖尾枫和艾纳香在叶子和花朵等部分的差异。

害羞是一种自我保护——含羞草

Mimosa pudica

中文名： 含羞草

拉丁学名： *Mimosa pudica*

别称： 感应草、知羞草、呼喝草、怕丑草

科： 豆科

属： 含羞草属

分布： 全国各地

小区的后墙隔离带有一排大王椰子树，树下绿草茵茵。我与幼儿园时代的明珠在这里玩踢球。小球滚到隆起的土堆上，将一棵巴掌大的小草撞到了。小草的叶子顿时收缩起来。细看，这可不就是含羞草？

这棵含羞草不知什么因缘于此处生根。只此一棵。我们隔天便寻到这里来，明珠用小手一遍又一遍地拨弄它的叶片，看着它次递而迅捷地收缩的情景，分外兴奋。

含羞草收缩的样子，像是一个害羞

的小姑娘见到陌生人。这只是我们的想象与比喻。含羞草会“怕羞”，与它的构造“叶枕”有关。含羞草拥有长长的柄，在它的小羽片、羽轴和叶柄在基部忽然肥大起来，这部分便是“叶枕”。

很多禾本科的植物都有叶枕，它内部分布有贮水细胞，有调节叶片方向的作用，如晚上水分充足时叶片直立，白天水分不足时，叶片展开。叶枕的下半部，有一些静止电位低的感受细胞，它们容易接受刺激，只要遭到轻微的触动，细胞下部的水分会迅速向上或两侧流去，因此，叶柄垂了下来，对生的小叶片也合拢了。一片含羞草的叶子在受到刺激而合拢的同时会产生一种生电物，把刺激信息很快地传递给其他叶子。附近叶片接受到信号后，也跟着很快合拢起来。叶柄的数条维管束，在叶枕合成一大管道，便于容纳叶枕排

含羞草收缩的样子，像是一个害羞的小姑娘见到陌生人。

出的水分。

为什么含羞草有这种特性呢。达尔文说，物竞天择，适者生存。考察含羞草的前世今生，它源自于南美洲热带地区。这些地方常年只有干湿两季。雨季来临时，一天之间忽然几场瓢泼大雨当头淋下。含羞草是这样娇小，叶子轻柔单薄，整棵也就高约为20~60厘米。急而大的雨滴很容易打坏它的叶子。聪明的含羞草于是在自然的风雨中进化出叶子一有风吹草动就关闭的“含羞”特长。这个特点也有利于它防范很多小动物。一般植物都是不能“动”的，小动物们忽然看到这棵会快速关门的植物，会不会吓得一愣一愣呢。当然，只靠“吓”还是不够的，含羞草全身还长出了很多

毛茸及锐刺；它体内具有含羞草生物碱，接触得多可令人或动物脱毛。这一切，都是含羞草自我保护的“手段”。

同属含羞草科的植物叶子很多都有这种闭合的特性，如新加坡到处都见到的雨树，马来人又叫“五点钟”树，因为每到下午五点，它的叶子就闭合了。

小区的那一株含羞草在一段时间没见后，忽然也消失了，我们在小区里再也见不到含羞草的踪影。偶然看到相似的，细辨之下，却不是含羞草，而是叶下珠，含羞草的花是浅紫浅粉的。夏天一个正午，我在白云机场停车坪里见到了几株在荒草间横斜挺立的含羞草。我想采摘一棵回家给明珠。终于没有。

观察思考

1. 含羞草叶柄上的小叶子是什么形态？

（1）轮生　（2）对生

2. 含羞草的花是什么颜色与形状？

（1）粉色球绒状　（2）黄色剑状

3. 你在哪里见过含羞草？印象最深的是它的哪部分，果实、花还是叶子？为什么？

马缨丹和蔓马缨丹

Lantana camara

中文名： 马缨丹

拉丁学名： *Lantana camara*

别称： 五色梅、五龙兰、如意草、五彩花、臭草、臭金凤、五雷丹、五色绣球、变色草

科： 马鞭草科

属： 马缨丹属

分布： 原产南美洲，中国南方各省份和世界热带广有分布。

最先认识的是马缨丹。童年时代，去郊区外婆家的路上，总有一棚的马缨丹在绽放。四五种颜色集成一朵，小而密地分布在卵状长圆形绿叶间。它一年到头都在开花。开始我们被它的美貌吸引，凑上去闻，使劲闻，一阵臭味扑鼻而来，熏得人头晕。我们叫它臭花、臭草。以后见了，知道它是“臭”的，便对它不感兴趣，甚至觉得它根本不美了。

多年后。我带明珠走在相同的小路上。外婆已故去十余年了，而臭草还在。不知道还是不是原来的那丛，总之在那条小道上，臭花依然开放着。这时我已经知道“臭草”的芳名是“马缨丹”。这个

蔓马缨丹是单色，多为紫色也有白色，马缨丹的花儿五彩缤纷。

名字极美，初知晓时真是大吃一惊，臭的东西还有美的名字啊？对它的好感因为这个名字加分了，饶有兴致地跟明珠介绍：马缨丹——

南美洲的热带植物，被人引种各地；生长排它而强势，只要有适合的环境，就易长易活，枝条横生呈块状扩展，把附近的地皮都占领了，有它在，常常就没有其他植物了；它的茎上长有倒刺，一般动物不愿意闯入；它的花味浓厚以至令人头晕，人们也不大去采摘它；蝶、峰和鸟儿却例外，它们爱它的色与蜜，主动投入到马缨丹花海与果子的阵营中，帮助积极传播花粉和种子。明珠要闻一闻吗？对，感受一下就好。马缨丹适合远观，近赏最好保持距离。因为马缨丹属于有毒植物，它的茎叶与果实中含有破坏代谢的毒素马缨丹烯A，人畜误食了马缨丹的有毒部分，将会导致慢性中毒。也有过儿童折马缨丹枝条扫同学玩，引起集体过敏的案例。奇怪的是一般鸟类吃它的果实却不会有问题，原因或许很简单，它的果子是专为鸟儿而备，鸟儿是帮助它传播种子的使者。

马缨丹

蔓马缨丹

蔓马缨丹的叶子

马缨丹的生命力有多强？华南地区，目之所及的残垣断壁都有它茂密的踪影。有一次与朋友走在路上见到它，他对它气呼呼，说小时候负责帮助母亲铲除田间杂草，主要是此物，砍了又生，砍了又生，像月宫桂树啊。他的家乡在云南迪庆。

随处见惯了马缨丹。有一次在小区跑步，低头看到一片蔓伏在地下的紫色小花海，是它的“同类项”蔓马缨丹，两者同归

“马缨丹属”，是一家人，同样有微毒。它们的枝茎形态有细微差别，而我分辨它们只捉住重点：蔓马缨丹是单色，多为紫色也有白色，马缨丹的花儿五彩缤纷；蔓马缨丹经常匍匐着蔓生，马缨丹多呈灌木状。蔓马缨丹因其花色的纯净，又没有个人对马缨丹复杂的认知史，轻易地成为了我的新欢。

不过说到底，正如达尔文所言：植物的美不因人而存在。人呢，心情却可能因植物而不同。

观察思考

1. 马缨丹是什么植物？

（1）乔木　（2）灌木

2. 马缨丹成熟的果是什么颜色？

（1）黄色　（2）黑色

3. 在家附近找一棵马缨丹或蔓马缨丹，闻一闻它的花朵，写下你闻到的味道。

海的味道——银海枣

Phoenix sylvestris

中文名： 银海枣

拉丁学名： *Phoenix sylvestris*

别称： 林刺葵、野海枣

科： 棕榈科

属： 刺葵属

分布： 原产于巴基斯坦、印度、缅甸，中国海南、广东、广西、云南、福建、台湾等有栽培。

《窗边的小豆豆》里巴学园小学生的午饭有“海的味道”和“山的味道”，给明珠读到这节时，我们正在研究银海枣。那是七月的一个雨天，我看见门口银海枣树下有几粒枣子，像红枣一样。循着银海枣树往上瞧，枝叶间正有大串橙色、红色的枣子垂着。再寻小区里的其他银海枣树，它们脚下原来早已落了一地枣子。无人捡拾。

为啥叫银海枣呢。这名字多有“海的味道”啊。在我们的想象中，它必然

与海有着某种联系。植物的命名要追溯到它的拉丁学名，就是最早瑞典植物学家林奈的“二名法”，即用两个拉丁词组成，前者是属名，后者是种词（一般采用产地或特征）。银海枣的拉丁学名是“*Phoenix sylvestris*”，是“林地里的海枣”的意思。而海枣的拉丁学名叫“*Phoenix dactylifera*”，源于希腊语，意为“结枣的腓尼基树”。银海枣原产南亚，海枣原产西亚北非。虽然它们老家不在一块，但分类上两者都是17种刺

银海枣的果实无害，却也无特别营养。

葵属植物之一。无论如何，银海枣与海没有多大关系。

看着满地红红的银海枣果实，层层叠叠的，仿佛看到吐鲁番田沟里的累累葡萄，非常诱人。明明长成可以吃的红枣样子，就这样摊在地上好浪费。它们难道不能吃吗？再看看它的兄弟海枣，海枣又叫“枣椰”，是人类最早进行驯化栽培的四大果树之一，它浑身是宝，果肉味甜，既可作粮食和果品，又是制糖、酿酒的原料，被称为“沙漠面包”，是中东一些国家的重要出口农作物。伊拉克人则称海枣为“绿色金子”。阿拉伯先知曾经说过：“持有椰枣①，全家不饿。”

我搜查了一下，没有资料显示银海枣的果实有毒。于是我们就掰开它红色的皮，像金丝枣般晶透的一层肉露出来了，尝下，没有风味。里面的种子占了果实很大体积。银海枣的果实无害，却也无特别营养。

天生我材必有用。银海枣的长处不在果实，而在于它威风凛凛的样子极其适合做绿化树。它有伞般的舒张，有苏铁般的坚毅，还

①椰枣，是枣椰树（海枣树）的果实。

银海枣的长处不在果实，而在于它威风凛凛的样子极其适合做绿化树。它有伞般的舒张，有苏铁般的坚毅，还有棕榈的高大。

有棕榈的高大。它雌雄异株，雌花橙红色；雄株开白花。它只管撑在地面上，枝叶间，春天开花了，夏天结果了，秋冬了，它顶端的叶子银灰一片。有一回我从高楼俯身望去，一棵棵的银海枣如剑麻般盛开，“发型”是银杂色的。忽然间，我明白了它为什么叫作“银海枣”，“银”来自于叶子的颜色。

植物的迁移有很多原因，其中一个是经济方面。银海枣值得欣赏，所以它被引进了，被花木场广泛种植了，那些满地的果实，虽不作食用，却是有价值的种子。它们经过播种繁殖，又会长成很多的银海枣，分植在各个生活小区。因为果实的问题我采访过一位福建的花木场主，他说如果成批采购银海枣的话，主茎3米高的每棵1800元。他又说，银海枣的潮流快过了，种苗囤得太多，怕要滞销。这时，我又想起那满地的银海枣果子，产量确实多。

观察思考

1. 银海枣的叶子是什么形态?

（1）螺旋排列于茎上　（2）对生

2. 银海枣的树干有什么特点?

（1）光滑　（2）环片的刺状皮

3. 在家附近寻找银海枣。如果没有，请找叶茎或果实与它相似的一棵树。

白仙子栀子花

Gardenia jasminoides

栀子花在中国为土生植物。

相传因为它花朵的形状像酒器“卮”，故被称为“卮子”，后来叫成了“栀子”。栀子花以洁白高雅而闻名，从古至今，人们通过写诗和作词不断歌咏它。南朝诗人萧纲写了《咏栀子花》：“素华偏可喜，的的半临池。疑为霜裹叶，复类雪封枝。日斜光隐见，风还影合离。”人们甚至给它创作了一个故事，说栀子花本来就是天上七仙女之一，她下凡化作栀子花的种子，来帮助一位姑娘梦想成真。

中文名： 栀子花

拉丁学名： *Gardenia jasminoides*

别称： 木丹、鲜支、卮子、越桃、水横枝、支子花、枝子花、山栀花、黄鸡子、黄荑子、黄栀子、黄栀、山黄栀、玉荷花、白蟾花

科： 茜草科

属： 栀子属

分布： 原产中国，华北及长江以南各省区；日本、朝鲜、越南和老挝也有分布。

狗牙花

单看花朵，狗牙花的花瓣更单薄些，有细微起伏的折皱；栀子花花瓣有单瓣，也有重瓣，花瓣边缘清晰。

栀子花

栀子花不但漂亮，还很有用。花朵可提炼香精和烹调；根果可入药，功效能清肺凉血；果实还用作染料或天然色素。我原想，它要么存在于诗词里，要么生长在山野中，要么躺在百子药柜。不曾料，它就在眼前，而且很多！

那是小区的隔离带，道路和房子之间种了整片整片的栀子花。它们长至40厘米高时被集体剪齐平，像其他灌木一般毫不起眼。四月的一天，我晨跑完后散步稍息，远远地看到这丛灌木有些白色的花，这里一团那里一团。我没有戴眼镜，以为是谁扔的纸巾。近看，原来是栀子花！只要从前见过栀子花，那么，它那馥郁的香味、清雅的气质会令再见到它的人马上确认它的身份。在城市的行道绿化带里，也常见到一种与它相似的花——狗牙花。但看多几遍，就能感受到它们之间的差异。狗牙花属夹竹桃科，有微毒；栀子花属茜草科，无毒可食用。狗牙花的枝叶有丰富乳汁，日照充分时狗牙花的枝叶折断处的乳汁直往下滴；而栀子花没有白色乳汁。单看花朵，狗牙花的花瓣更单薄些，有细微起伏的折皱；栀子花花瓣有单瓣，也有重瓣，花瓣边缘清晰。闻气味，狗牙花也有香味，只是非常淡；栀子花的香气，闻过难忘。栀子花的香味非常显著，受到人类嗅觉的热烈欢迎，因而它也成为了世界上很多大品牌香水的制作原料。

栀子花和马尾松、山茶、杜鹃、茉莉花一样，属于酸性植物。酸性植物是指适宜在土壤pH值7以下生长的植物，大多数南方植物都是酸性植物，特别是观赏类。栀子花因而也成了酸性土壤的指示物。

广州的四月，经常有小雨。雨水将栀子树荡涤一新，那些整蓄了一个冬春的花蕾欢快地长着，从四月第一朵花儿绽放开始，到八月南国书香节结束，栀子花陆续盛开了一个夏季。以至于记忆中的夏天，全是栀子花的味道。

观察思考

1. 栀子花树是什么植物?

（1）乔木 （2）灌木

2. 栀子花成熟的果是什么颜色?

（1）黄色 （2）紫色

3. 说一说你最喜欢栀子花的什么？原因是什么?

忍冬之魂，金银花

Lonicera japonica

中文名： 金银花
拉丁学名： *Lonicera japonica*
别称： 银花、双花、二花、二宝花、忍冬花、金花、金藤花
科： 忍冬科
属： 忍冬属
分布： 东亚。中国大部分地区均有。多野生于较湿润的地带。

金银花很熟悉。如金银花露是饮料；它也是凉茶中的五花茶里的五种花原料之一；明珠小时候全身生痱子了，就去中药铺里买些金银花煲水冲凉。这些是由金银花的花蕾制作而成的。金银花是中药里的奇花，清热解毒的功效被广泛利用。金银花又叫忍冬花，在我国有2200多年的栽种史，《神农本草经》称其“凌冬不凋”。

但我还没有见过它在地里真实生长的样子。居住在城市的高楼里，大地通常是遥远的，很多花草只存在于照片和传说当中。

一次在京郊，饭后散步，走到宾馆门口，便看到旁边草坪上竖卧着几株金银花。金银花树是“不听话”的灌木，没有好好直立着长，它的藤蔓攀向各个方向，仿佛杂乱无章，但它的花正开到极致，所以，整株又有自由奔放的姿态。正是盛夏时节，我们俯向它的花朵，急急闻着它的清香，又手忙脚乱地将手机调至微距，便有人惊呼，一条藤上的花怎么有两种色？

金银花，名字来源于花的颜色，一朵金银花初绽放时是白色，两三天后转为黄色。枝藤上的花儿你追我赶，陆续开放，于是，便有满树的白花黄花夹杂的景象了。它的这个命名，李时珍的《本草纲目》有记。

观察金银花时，明珠也在场。她问：“为什么金银花能从白色变成金色呢？”事实上，金银花不是从一开始就变成黄色的，中间

金银花，名字来源于花的颜色，一朵金银花初绽放时是白色，两三天后转为黄色。

有一个银色的过渡。它是渐变的。

一朵花或果子拥有什么颜色依靠它们细胞液里的两样东西：红萝卜素和花青素，它们是决定花色的关键，含什么色素，就有什么颜色。自然界中，目前发现红萝卜素有600多种，花青素有300多种。 蓝色的花果里含有花青素多些，以蓝莓为代表；黄色的花果里含有胡萝卜素多些，以胡萝卜为代表。而白花的花瓣里什么色素都没有，里面充满气泡。花内色素会随着温度和酸碱的浓度而变化，有的也与土壤、花受精与否有关。例如花青素在酸性的环境中，它就会变红，在碱性环境下，它就会变蓝。

金银花的花青素对光照非常敏感，容易发生变化。金银花先是白色，后来变成银色，光照以后，又变成了金色。同样的事情，发生在马缨丹、鸳鸯茉莉和木芙蓉身上。广州的光孝寺有几株“三醉”木芙蓉，一天不同时间去看它，会有不同光景：开始是白色，中午桃红色，傍晚是深红色，夜了，它就收起花瓣。

“可是，白色的花瓣本来什么色素都没有啊！为什么又可以变出颜色来呢？金银花是从白色变成黄色的，它可以从黄色变回白色吗？”明珠又问。这真是很好的问题。我想这是金银花和木芙蓉等变色花的“秘密”吧。大自然的奥秘太多了，我们还需要继续观察与学习。

观察思考

1. 金银花最有可能生长在什么地方?

（1）东亚　（2）北欧

2. 金银花最初开花是什么颜色?

（1）白色　（2）金色

3. 想一想你见过或知道有什么花是两种颜色的?

两色叶，红背桂

Excoecaria cochinchinensis

小区的道径旁种植着红背桂。它们一般可长1米高，但常常被修剪成30厘米高，长条或方块地陈列着，作为路径的第一排风景，它里层略高的是栀子花或蟛蜞菊和毛杜鹃。

红背桂远看，就是一片片深绿长圆形的叶子海洋罢！不必微观。直到春天里的一个雨后早晨，我跑步经过红背桂方阵，发现有几片叶子是紫红色的，与表面的绿形成鲜明的对比。这是哪里来的呢？我过去掀开它。原来！这是红背桂叶子的另外一面，想必这也是“红背桂”名字的来源。它被昨天的风雨打翻了，底部反了上来。这是有意思的叶子呢，一般其他叶子

中文名： 红背桂

拉丁学名： *Excoecaria cochinchinensis*

别称： 红紫木、紫背桂、叶背红、金锁玉、箭毒木、天青地红

科： 大戟科

属： 海漆属

分布： 台湾、广东、广西、云南等地普遍栽培。亚洲东南部各国也有。

正面与背面颜色稍有不同，也是深浅的问题，这红背桂完全是“两面派”，绿和紫可是两种色系，它们是如何共处在一片叶子上的呢。

叶子的成分，除叶绿素外，还存在着叶黄素、花青素。红背桂的紫与花青素有关，它的底部充满了花青素。秋天到了，叶子会黄，这是因为它们的叶黄素呈现出来了，枫叶会变红，是因为它们的花青素显露了。审美的路人可不管这些，只见它纸质的长圆形的叶片连成面，一叶两色，风一吹，众叶翻飞，绿紫闪烁，煞是好看。红背桂的花比桂花还小，花期几乎全年，但通常又被修剪得太矮，味道轻易闻不到，但因为其叶子两面颜色相异，且极为耐阴，却也不妨碍红背桂成了绿化的常选。在我们这个城市里，随处可见红背桂的踪影。

那天雨后关注了红背桂，之后又发现了令我大吃一惊的事实。

红背桂划归大戟科。大戟科和夹竹桃科一样，大部分植物有毒。如巴豆、蓖麻子、木薯和桐油。当然，它们也可“以毒攻毒”，对症入药。大戟科在全世界都有分布，但主要集中在热带，如印度、马来西亚和巴西，它们当中很多作为传统药物用于治疗胃痛肠胀和杀鱼剂等。而红背桂的毒性在于它会分泌促癌物质，它全株带毒，乳汁毒性最大，连种过此类植物的土壤也都被检测出含有致癌物的激

只见它纸质的长圆形的叶片连成面，一叶两色，风一吹，众叶翻飞，绿紫闪烁，煞是好看。

活成分。有研究资料表明：红背桂属促癌变类植物，可诱发鼻咽癌和食管癌。

这可怎么办？有害或促癌植物在小区中的数量可真不少。这红背桂还成片成片种植在老人孩子容易靠近的地方。红背桂虽美，还是种植在开阔和通风处更适宜，能挂牌警示就更加以人为本了，最佳的方案是让那些“吸除毒素”植物取代它们。这是后来我给小区物业管理处的意见书。

观察思考

1. 红背桂的叶子有哪两种颜色?

（1）绿色和紫色　（2）绿色和红色

2. 红背桂的花是什么样子?

（1）小粒状　（2）阔大花瓣

3. 在家附近寻找和红背桂叶子相似形态的植物，将它们描述出来。

寻常茉莉寻常开

Jasminum sambac

木犀科素馨属由瑞典植物学家林奈命名，此类植物大多芳香扑鼻又花姿优美。茉莉花更是当中尤物。茉莉花原产亚洲西南，现在广泛分布在热带亚热带。它是菲律宾、突尼斯、印尼的国花。我在吉隆坡的市场或寺庙前广场上曾见它被一串一串地编成花环出售，如同日常用品。茉莉花是典型的舶来品，但从汉代就开始传入中国，算起来栽培史也有一两千年了。它在中国太久太久了，如今提起茉莉花，仍带着些异域风情，却也十分中国符号化了。11月初，

中文名： 双瓣茉莉
拉丁学名： *Jasminum sambac*
别称： 茉莉花
科： 木犀科
属： 素馨属
分布： 原产印度（亚洲西南）。中国江南地区以及西部地区和亚热带地区广泛栽培。

我在剧院听“圣彼得堡马林斯基歌剧院音乐会”，歌唱者全用俄语，剧场也没有任何字幕或资料帮助听众了解唱词。就这样不知所云地倾听很久之后，场内忽然响起了“好一朵美丽的茉莉花/好一朵美丽的茉莉花/满园花草也香不过它”的旋律，观众忽然掌声大起，这回大家终于听懂了——这“茉莉花”，是中国的旋律。

这可爱的茉莉花，曾在外婆的院内盛开着。碧绿的叶片光滑对生，每对叶片成十字形交叉排列，顶端单出一叶。它在两墙的夹角间安安静静郁郁葱葱，很多个童年的夏天，就在茉莉花的馨香中过去了。街头常有小贩兜售茉莉花和白玉兰。这个时候，我便很怀念茉莉花了。曾与园丁探讨，小区为什么不种植茉莉？答案是：担心有些业主会忌讳，因为“茉莉”，和“没（mò）利”同音。我倒笑起来了。茉莉同属的植物素馨花倒是与茉莉很相似，但是后者的花叶偏小，它曾因为名字比茉莉“吉利”一度风行。然而不知为什么，茉莉花最后还是占了主流，街上倒很少见到素馨花了。

这茉莉花，即便不见它的植株，我们也离不开它了。譬如它已经被制成了著名的茉莉花茶，还有女士身上的香水，很多成分提取自茉莉花，就更不要说以它命名的各种文艺作品了。我们还可以吃下它！一次图书馆的美食讲座，美食活动家劳毅波先生提供了一款花素餐单“茉莉薏米饮”，我回家尝试了，感觉很美妙——

薏米25克、鲜茉

它在两墙的夹角间安安静静郁郁葱葱，很多个童年的夏天，就在茉莉花的馨香中过去了。

莉花8朵、水0.8升、白糖适量。

1. 提前一个晚上用开水浸泡薏米；

2. 鲜茉莉花用冷开水洗洗，待用；

3. 湿薏米和0.8升的水倒入豆浆机，按下“干豆档”键；

4. 待豆浆机停止后，掀盖，添加鲜茉莉花、适量的白糖，启动“果汁搅拌”键，停机后，倒出“茉莉薏米饮”，热饮或冷饮，皆宜。

中医说，茉莉花，性平味辛、甘，能化湿和中、理气解郁，配伍清热利湿的薏米，有健脾祛湿之效。

果真是一朵美丽的茉莉花呀，可唱可赏可闻可饮可食可乐，不可多得！

观察思考

1. 茉莉花的叶子是什么形态？

（1）互生　（2）对生

2. 茉莉花是什么植物？

（1）灌木　（2）草本

3. 说一说你最喜欢茉莉花的哪一方面，观赏、佩戴，还是茉莉花茶，为什么？

四

果实。开花后面是结果，有些植物硕果累累，例如木瓜；有些植物的果实你留意不到，例如桂花，或如非热带地区的大王椰子树。从此以后看到一朵花，我们想想它可能会结什么样的果，不是很有趣吗？

桂花成林

Osmanthus fragrans

中文名： 桂花

拉丁学名： *Osmanthus fragrans*

别称： 木犀

科： 木犀科

属： 木犀属

分布： 原产于亚洲。喜马拉雅地区、中国大陆西南部、台湾、日本南部等地均有野生，印度、尼泊尔、柬埔寨也有分布。中国大陆南方各省。

中国十大名花分别是兰花、梅花、牡丹、荷花、菊花、月季、桂花、杜鹃花、水仙花和茶花。桂花位列第七，也是栽种史在2500年以上的四种花之一。我国有20多个城市将桂花列为市花，桂花观赏和实用价值都很高，自古以来也是文人墨士咏颂的对象之一，“桂子月中落，天香云外飘”，桂花是芳香植物，也叫“天香”。虽说五月到十月是它的花朵盛放期，但事实上，一年到头都可能看到它在开花，不经意间经过桂花丛，总有沁人心脾的幽香渐渐笼罩过来，它的味总是先于它的形作用于我们的感官。桂花树从灌木至乔木的形态都

桂花按花色、花期等分为四个品系：丹桂、金桂、银桂和四季桂。

有，它的叶子对生，革质。但我想起桂花，记忆中总是它的香味，也就是它的花，或者花制品。

桂花成林，便是“桂林”。几乎每年都去桂林，未及花地，便见超市里各种桂花糕、桂花酒和桂花干。捎带一包桂花干是必须的，送人或者回家做桂花汤圆，再好不过。

桂花的品种很多，这是我后来才知道的。我见惯了小区每一角落那四季飘香的桂花，以为所有的桂花就是长这个样子的：两米高，不开花时就像普通的灌木一样朴实无奇。一次去韶关的南华寺，大殿前有两种高达十几二十米的树，一种是无忧树，另外一种我正疑惑它是什么时，领队的导游抢白说：“它是桂花树啊，八月桂，这你都不知道啊！”

从此，我便特别留心起桂花树来。桂林地区是它的种植区，清明时节经过山路，两旁都是桂花林，大多是树苗。它们长到两三米高，便随着经济链条输送各地。

桂花按花色、花期等分为四个品系：丹桂、金桂、银桂和四季桂。在此之下又有很多品种，例如丹桂有宽叶红、桃叶丹桂等；四季桂有大叶佛顶珠等。

丹桂花以橙黄、橙红和朱红色为主，气味郁烈，叶片厚而色深，一般秋季开花；金桂花为金黄色和柠檬黄色为主，气味较丹桂要淡一些，叶片较厚，秋季开花；银桂花以白色为主，呈纯白、乳白和黄白色，叶片比其他桂树较薄，香与金桂同，秋季开花；四季桂，花朵颜色稍白或淡黄，香气较淡，叶片比较薄，它最大的特点就是四季都开花，所以也有人称其为“月桂”，它的花香也是众多桂花中最淡的。

虽然达尔文搞不清植物开花的起源，将之称为“讨厌的谜”。但显然，开花，是植物的一种生存策略，它是植物繁衍方式的飞跃。花怎么样开，更是一种“技术含量高”的活。植物开花需要消耗能量，能量由叶子和根等分工合作而成。花色艳丽又要制造芳香的话，花费的能量更大。所以，一般的花“色艳便香无，色白而芬芳”的居多，它们集中一个方向，达到吸引媒介传宗接代的目的。

你看桂花，花儿小小的，于是小花儿簇生在腋下以团队阵容呈现，只开一季的香气蓄力浓郁，开足四季的味道就清淡。如此可见，一花一世界。

观察思考

1. 桂花的叶子是什么形态？

（1）轮生　（2）对生

2. 四季桂是什么颜色？

（1）深红色　（2）白或淡黄色

3. 说一说你最近见到桂花是什么时候？你能想到关于桂花树的传说吗？请写下来。

水袖飘飘蜘蛛兰

Hymenocallis littoralis

中文名： 水鬼蕉

拉丁学名： *Hymenocallis littoralis*

别称： 蜘蛛兰、美洲水鬼蕉、蜘蛛百合

科： 石蒜科

属： 水鬼蕉属

分布： 原产美洲，在广东、海南省等都有分布。

自然界中，同名异物不少。我见过的“夜来香”就有两种，其中萝摩科的夜来香在菜市场就有兜售，我们买来煲瘦肉汤喝。“杜鹃”更跨界，一种是鸟儿，一种是花。“蜘蛛兰”也有两种，一种是兰科的，花儿形状像蜘蛛，但花瓣上分布着斑点，一种是石蒜科。这里我观察的是石蒜科的蜘蛛兰，它的叶子三指宽，很粗，颜色深绿，高尺余了又倒弯着地，虽然名字也有“兰”，但与兰科家族是没有什么关系的，倒与葱兰和彼岸花同科室，它的中文学名比较吓人：水鬼蕉。

花的构造很有特色，像撑开的伞，又如蜘蛛的爪子向四空伸出，“蜘蛛兰”的命名十分形象。

在这个城市，处处都植有蜘蛛兰，东风公园的草坪、天桥底和街头转角处。一年三季，它如此平凡，陪衬绿叶似的。直到夏季六月的某一天，它突然就开放了，没有茎，直接从底部抽出挺立的花葶，上面又聚生着一枝又一枝的白色花朵。花的构造很有特色，像撑开的伞，又如蜘蛛的爪子向四空伸出，“蜘蛛兰”的命名十分形象。蜘蛛兰盛开，你的眼睛便无法忽视它了。这样夺目，就很能理解植物为什么要进化成开花植物了。

人类约在700万年前进化而成，而被子植物是在大约1亿年前就已经形成了。被子植物，指绿色开花植物，它们得到蓬勃发展，拥有真正的花，是植物界最高级的一类，是地球上适应能力最强的植物，在地球上占绝对优势。这些美丽的花是它们繁殖后代的重要器官。自小区六月某天第一朵蜘蛛兰绽放以来，本来在灰莉的间隙中陈植着的不起眼的边角料似的蜘蛛兰就接踵而开，潇洒素雅，成为一道持续整个夏天的白色风景。

望着蜘蛛兰的花形，想到它们依靠这些花传宗接代，我陷入迷思。园丁师傅说蜘蛛兰是傍晚入夜时开的，好几次的晚上19点，它会突然间完成破壳，雄蕊与雌蕊从包裹着的薄膜中弹了出来。如此，它就作为一朵鲜亮的花儿上场了。然后呢，它静静地在等待什么。白天开花的植物往往有利器——五彩缤纷的颜色，吸引白天活动的动物传粉；夜间光线暗淡，要诱传粉者，就需要气味了吧，夜间开的昙花就是遵循这个策略。蜘蛛兰有清香，外国有个护肤品牌就叫“蜘蛛兰”，吸引了很多美女网购。完整盛开的蜘蛛兰花是这

自小区六月某天第一朵蜘蛛兰绽放以来，本来在灰莉的间隙中陈植着的不起眼的边角料似的蜘蛛兰就接踵而开，潇洒素雅，成为一道持续整个夏天的白色风景。

样的：六根雄蕊，它的花丝和黄色花药成T字形相接，又伞状分布，像护法一样围绕着中间的一根雌蕊，那些白色的花瓣在外围像水袖一般远远伸出，以至蜘蛛兰整朵花的直径可长达20多厘米。这样的“花阵”，就是为了等待传粉者，只要它闯进来，基本上就会有花粉沾身了。是哪种昆虫有幸受命呢？入夜的小区一片朦胧，蜘蛛兰又是在路旁，人来人往，我一次都没有看见蜘蛛兰花朵上有劳作的昆虫。

来年夏天，我与明珠、加加说好，要与蜘蛛兰的传花使者来个约会。

观察思考

1. 蜘蛛兰的叶子是什么形态？

（1）长条　（2）短片

2. 蜘蛛兰的花像什么？

（1）蜘蛛　（2）蜜蜂

3. 说一说你最喜欢蜘蛛兰的哪部分？在家附近寻找和蜘蛛兰相似形态的植物。

叶子的风姿，细叶榄仁

Terminalia mantaly

广州的春天，最美的是什么树？细叶榄仁。很多住宅小区都栽有。

随风潜入夜，润物细无声。忽然间一抬头，就是一树的小碎花伞，层层叠高，翠绿清娇，又那样修长，高可达三五层楼。它的花期也是春天，但它太高了，我未曾攀赏。

细叶榄仁原产非洲热带，是使君子科植物。此科的植物很多都是“美丽与实用”并重，十分出色。如小区天台花盆上种植使君子，花不开则已，开就尽情夺目，它驱虫的功效强大；又如诃子树，光孝寺就有一棵，夏天看着它开

中文名：细叶榄仁
拉丁学名：*Terminalia mantaly*
别称：非洲榄仁、雨伞树、法国枇杷、小叶榄仁
科：使君子科
属：榄仁树属
分布：原产地非洲热带，在广东、香港、台湾、广西均有分布。

花，秋天见着它一枝开花，一枝结着果，11月时见它绿叶间已是果子累累，这些果子又叫“青果”，著名的藏药。细叶榄仁的果实可以榨油，但我认为它最突出的还是它的“外貌”。

看不够这树，主杆挺拔，枝条层叠递进，如叠伞状的树形，远看就像非洲草原的植物，分枝平片状，如云似布；以身高比例来说，叶子够得上尖细，仿佛带着它干旱大地出身的记忆痕迹。叶子清翠婆娑，形状像枇杷叶那样，叶子卵形，近叶柄处又尖细起来，又像小叶冷水花。但小叶冷水花的叶子约1厘米宽，需要俯下身子才可能发现它的美，细叶榄仁呢，高高立着，怎么可能望不到它呢。我跑步的时候，喜欢抬头望。春天它嫩绿，夏天它叶子长大换成墨绿衣裳，秋冬又至，它的叶子变黄，错落地飘下，细碎铺落地面。它是悄然随着四季更替。以为它那么疏落的叶子会藏不住什么呢，然而不是。我总是听到鸟叫，尖而脆，此起彼伏，在细叶榄仁树间倏忽腾飞。一次驻足抬头看，它的树干，停了三只黑色的小鸟，伶俐俏巧，它们在上面忙什么呢。

植物的叶子承载着重要的功能，首先它含有叶绿素，这是植物与其他生物区别的最重要特征。叶子是全树的“化工厂”，负责进行光合作用，上传下达，给根枝运送养料；叶子布满叶脉和气孔，它发挥蒸腾作用，平衡热量。遥想细叶榄仁这样优雅的枝叶造型，也是多少年来适应环境的结果。虽无意，却碰巧长得十分符合人类的审美。

一棵又一棵的细叶榄仁来到城市里一个又一个的小区，就是因为它的“美貌”。景观的绿化也如时装，随着“时尚潮流”的变化而变化，一些年份时兴种植棕榈树，一些年份又时兴种植黄花风铃木。我很庆幸雅致的细叶榄仁被种下了，稳稳当当地立在那里。如细叶榄仁树干般细高身材的树，有白玉兰和杜英，仅一年间，几阵台风过去，两棵白玉兰倒下了，三十层高楼旁边的几株杜英在过堂风吹过之后歪歪斜斜，令人担心它将被腰斩。而细叶榄仁却还是英姿挺拔的，我们有理由相信它的根系在着陆之后，是深扎大地的。

观察思考

1. 细叶榄仁的叶子是什么形态？
（1）轮生　（2）对生
2. 细叶榄仁的枝叶分布的特点是什么？
（1）层状平展　（2）竖着向上
3. 描绘一下细叶榄仁的形态。

篱樊人生，灰莉

Fagraea ceilanica

城市的街区，有很多它不存在就缺了绿色，它存在人们大多也会视而不见的植物。它们被剪修成五六十厘米高，方块长条或圆球状，用作隔阻带、篱樊。广州用红继木、垂叶榕、海桐和花叶连翘作篱樊；华东我常见到用小叶黄杨作行道篱樊。在北京和广州普遍存在的，是灰莉。

灰莉又叫非洲茉莉。但此“莉”不是彼“莉”。灰莉与茉莉不同科同种，如同蓝白两色的鸳鸯茉莉也不是茉莉的亲戚，它与茄子倒相近，属于茄科。茉莉是木犀科，灰莉是马钱科。灰莉在

中文名： 灰莉

拉丁学名： *Fagraea ceilanica*

别称： 非洲茉莉、华灰莉

科： 马钱科

属： 灰莉属

分布： 中国台湾、海南、广东、广西、云南，印度、中南半岛和东南亚各国有广泛分布。

我们的小区很多，修成“灰莉球”，1米5高，一只一只地在小径边陈列着。有一次在30楼的天台上见到盆栽的灰莉，其枝丫正旁逸斜出，天天向上的样子，我大吃一惊：它的“原生态”更自然，更有个性。

现代人的生活方式是经济推动的结果。植物呈现的状态也会受现代人生活的牵制，它们被驯服和规范，并以与它本来野生面目相异的状态出现。常用作盆景栽培的福建茶（基及树）原本高可达3米；室内最常见的树干被拧成麻花形的植物俗称“发财树”，它属木棉科，高可达8~15米。而灰莉，《中国植物志》载：“灰莉，乔木，高达15米，有时附生于其他树上呈攀援状灌木；树皮灰色。”为了迁就人类的视线与室内高度，这些高大的家伙，是何等的“能

屈能伸”啊。2013年末的最后一个星期天，我在广州兰圃偶遇一株最自由生长的灰莉，它高高大大，洋洋洒洒地生长，简直就是“树”啊，我差点认不出它来。

我从园丁那里知道灰莉的名字。我认识好多个小区的园丁。像三叶鬼针草这样的野草他们未必认识，但园艺品种，特别是那些大量种植的品种，他们必知。

“它的花是白色的。”园丁肖师傅说。

“啊!什么时候开？”虽然知道大多数植物都会开花结果，但被修成球样的灰莉也会开花，这令我十分惊喜与期待。

“5月份吧，它就开。”肖师傅正手

灰莉枝繁叶茂，树形优美，叶片近肉质，叶色浓绿有光泽。是优良的室内观叶植物。

拿剪刀在修理灰莉那突出球面的嫩枝，说这话时是冬天的一个周六早上。后来我果然就见到它开花了，还有微香。

在等待灰莉开花的日子里，我就看它的叶子，带明珠上天台看那株逃逸了修剪的灰莉。百度资料写道：“灰莉枝繁叶茂，树形优美，叶片近肉质，叶色浓绿有光泽。是优良的室内观叶植物。”我和明珠一起观察灰莉的叶子构造，它们是怎样排列的？于是我们见到了“千手观音”造型。灰莉的叶子是这样的：两片叶子对生，但每一对都错开长。这与桂花叶子的排列方式是一样的，但灰莉的叶子更有质感，且密切。俯看，一枝上的叶子仿佛千手观音，每片叶子都是舒展的，都有机会亮相。为什么这样排列呢？难道这不是叶子们在争夺阳光与生长空间的最佳方案吗？造物神奇。

观察思考

1. 灰莉的叶子是什么形态？

（1）轮生　（2）对生

2. 灰莉的花是什么颜色？

（1）白色　（2）黄色

3. 说一说你最喜欢的一种绿篱，为什么？

从碎米荠、塘葛菜到黄鹌菜

Cardamine hirsuta

中文名：碎米荠
拉丁学名：*Cardamine hirsuta*
别称：暂无
科：十字花科
属：碎米荠属
分布：广东、台湾等中国大部分地区均有分布。

太多野草野菜了。它们大概是伴着苗圃泥土而来，是花园的不速之客，却成就了我们放学路上的乐趣。楚楚和明珠从进入小区的那一刻开始便各散东西，他们或寻觅一棵已经熟悉的野菜拔起来炫耀，或回头拉着我的手去瞧某株他们“发现”的陌生野菜。

从8月到11月，某些中午放学的五分钟，我们都在碎米荠、塘葛菜和黄鹌菜之间流连，并尝试分辨它们。碎米荠和塘葛菜是一组的，它们属于十字花科，花儿是十字形，我们家里的“菜篮子”中就有很多十字花科植物，萝

塘葛菜

卜、青菜、大白菜和椰菜等等。它们之间的差别很多，找关键点，一是叶子，碎米荠的叶子小些，肾圆形或肾形，塘葛菜的叶子大些，约有一指长两指宽，叶的边缘羽状分裂；二是整体看，碎米荠娇弱，花儿比米粒还细，塘葛菜根茎硬朗；三是花，碎米荠是白色花，塘葛菜是黄色花。再看黄鹌菜了，它是菊科植物，黄色花儿一朵顶生，所以又名“冲天黄”，这个特征太明显了，只要远远看到这花，明珠与楚楚便一眼认出来。我曾在上班路上顺手拔了一棵完整的碎米荠回办公室，放在白水晶上静静看，它真是美极了。

楚楚凡是看到植物，必问我：“可以吃吗？它有什么用？”“食在广州”已经深入到岭南人的集体潜意识里了吗？

碎米荠

塘葛菜又叫蔊菜，是广东人熟悉的野菜。它可清热解毒，去淤生新。“塘葛菜煲生鱼汤”是著名的，适合术后休养的人喝的汤。碎米荠可以做饺子的馅。而黄鹌菜呢，可以焯水后做菜拌吃，但广东人吃得少，它的别名是“兔儿菜”，可以喂兔子。极目远眺，小区的花草间这么多的野菜，只需要花十几分钟，拔出

冲天黄

来做一餐菜是没有问题的。问题只是，不能拔。因为不能确认它的农药残留量。楚楚的外婆确凿地说，她看到园丁每周喷一次农药。

世界上的植物浩如繁星。但正如楚楚的问题“它可以吃吗？它有什么用？”千百年来人们对植物持续拷问，于是很多植物成了“中药”，即古书中通称的“本草”。李时珍花了30年编成的《本草纲目》就记有本草1095种。

有时我也被楚楚问急了。必须每样植物都要对人有用吗？像海金沙这种漂亮造型的蕨类，我便答他：是用来欣赏，不是拿来吃的。——虽然也有药书记载它是治疗尿结石药方的原料之一。

偶翻书，看到法国思想家、文学家、植物爱好者卢梭对于植物之药用的感言：“我在林中高高兴兴地漫步时，如果非要我去想什么发烧、结石、痛风，或是癫痫之类的疾病，那简直败兴透了。”

不禁大笑。达尔文说：“植物的美不因人而存在。”

碎米荠

冲天黄

观察思考

1. 文中哪种植物是一朵花冲天顶生的？

（1）碎米荠　（2）黄鹌菜　（3）塘蒿菜

2. 塘蒿菜又叫什么名字？

（1）蔊菜　（2）冲天黄

3. 说一说你喜欢哪些野菜，为什么？

椰子们的那些事儿

Roystonea regia

小区后院有一排大王椰子树，五六层楼高，大约15米，它们低调而静穆，十分高昂气派。我与幼儿园时代的明珠就是在大王椰子树下偶遇含羞草的；楼前也有一小排狐尾椰子，身材比大王椰子树娇小，它的叶子密密儿把弯下来，就像狐狸的尾巴。

大王椰子树的中文名叫王棕，是直立乔木，高可达20米，树干布满了一圈圈不断脱落叶片后形成的环痕。它的树干中间忽然膨胀，两端又变小，据说这是树干为贮存水和营养才成这模样，便于上下供给。

中文名： 王棕

拉丁学名： *Roystonea regia*

别称： 大王椰子树、文笔树

科： 棕榈科

属： 王棕属

分布： 原产中美洲。现分布于各地亚热带、热带，广东、海南等地区。

《中国植物志》记载大王椰子树："叶羽状全裂，弓形并常下垂，长约4~5米，叶轴每侧的羽片多达250片，羽片呈4列排列，条形，渐尖，顶端浅2裂，长90~100厘米，宽3~5厘米，顶部羽片较短而狭，在中脉的每侧具粗壮的叶脉。花序长达1.5米，多分枝，佛焰苞在开花前像1根垒球棒；花小，雌雄同株，雄花长6~7毫米，雄蕊6，与花瓣等长，雌花长约为雄花之半。果实近球形至倒卵形，长约1.3厘米，直径约1厘米，暗红色至淡紫色。种子歪卵形，一侧压扁，胚乳均匀，胚近基生。花期3—4月，果期10月。"

我在楼上用望远镜看过大王椰子树的叶子，果然是每扇叶子的

叶列都是4列一组。然而我没有见过它们开花与结果。观望了一年、两年，仍然不见动静。大王椰子树是热带植物，据说并不完全适应亚热带气候，虽然仍然高大常绿，但坚持不结果。它们作为景观和行道树被安置在亚热带各个地方。在海南岛等地常见到挂着果的椰子，环市路上也有为数不少挂果的三药槟榔。没有果实的大王椰子树多么令人遗憾啊。看着大王椰子树的伟岸英姿，我常常遥想关于它们棕榈家族椰字号的故事。

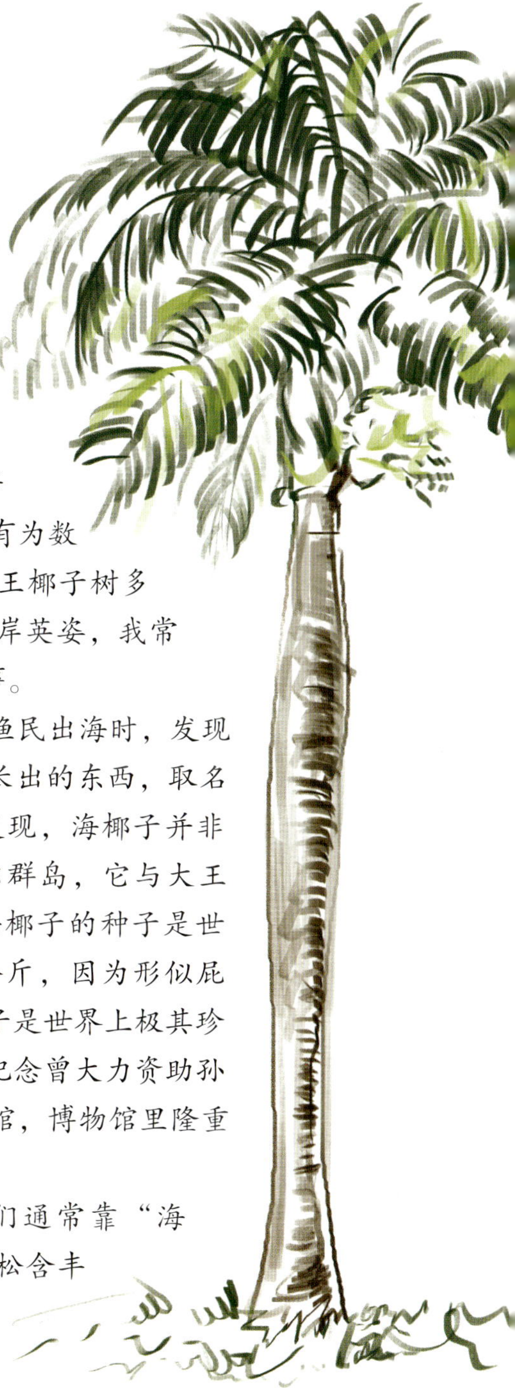

16世纪初，远在南亚的马尔代夫渔民出海时，发现了几颗形似椰子的果实，以为是海底长出的东西，取名为“海椰子”。200多年后，人们才发现，海椰子并非水里长大，它们生长在东非的塞舌尔群岛，它与大王椰子树、椰子树同属棕榈科植物。海椰子的种子是世界上最重最大的种子，通常重达10公斤，因为形似屁股，有人称它为“美殿椰子”，海椰子是世界上极其珍稀的植物之一。在泰国东芭，有一所纪念曾大力资助孙中山搞革命的杰出华侨黄君谅的博物馆，博物馆里隆重展示着一枚海椰子。

椰子的种子怎样传播的呢？它们通常靠“海运”。椰果的外果皮光滑，中果皮疏松含丰富纤维（因此可以用来做扫把），内果皮又坚硬，果内椰肉软而多汁，胚乳丰富。这样的构造令它既防水又充满浮力，兼有营养。椰子发芽后完全可依靠体内营养供给维持一段时间。海岸边的椰子成熟，又跌落，一只又一只，飘啊飘，飘到了全世界的热带海岸。所以，哪里有椰子树，哪里就有热带风情。

观察思考

1. 大王椰子树的叶子是什么形状？
   （1）叶羽状全裂　（2）叶掌状全裂
2. 世界上什么植物的种子最重？
   （1）海椰果　（2）斑叶兰
3. 你见过椰子树吗？请描绘一下它的形状。

落花缤纷是杜英

Elaeocarpus apiculatus Masters

有一年在韩国济洲岛，山路边有几棵树花开花谢，此景正对《桃花源记》中的“落英缤纷”词组。落花稠密、白色，花瓣末端撕裂状，像流苏，远看像星光满地，我不知道它叫什么。后来某天，我在小区的树下见到了同样的落花，脑海便立即闪出济州岛的美景来，它们是同一种花！于是我急忙抬头细看此树：十几米高，叶子互生，枝叶挺拔，形态朝气蓬勃，而叶腋间却开满了像吊钟似垂下来的花朵，塔似的层层密密。

中文名： 尖叶杜英

拉丁学名： *Elaeocarpus apiculatus Masters*

别称： 长芒杜英

科： 杜英科

属： 杜英属

分布： 原产于广东、云南和海南。中南半岛和马来西亚也有分布。

四月来了，尖叶杜英像是一夜之间换新颜，满树繁花，令人震撼。

从此我便特别关注它，原来它是尖叶杜英。园林中看到的杜英，绝大多数是尖叶杜英。尖叶杜英种植在小区的外围，呈半包围状，像是小区的列兵。冬去春开，我跑步时首先映入眼帘的是尖叶杜英的叶子。旧的叶子深绿，顶端两三片新抽的叶子浅绿。望过去，新生的叶子仿佛是一群蝴蝶在尖叶杜英间翻飞。

四月来了，尖叶杜英像是一夜之间换新颜，满树繁花，令人震撼。不久之后，便是满地的落英缤纷，同样壮观。尖叶杜英给我们的惊喜次次都有新花样。8月到了，偶然抬头，我见到了尖叶杜英树的果子，像橄榄一样大小，成群结队垂下来。孩子们也抬头看：在绿叶间隐藏着这么多绿色的果实啊！真令人激动。园丁不在乎这些果子。我登上台阶，抱高明珠，她拉着一根垂下来的枝条，够到了果子，轻轻地摘下数颗。尖叶杜英的拉丁学名的含义是：“会结橄榄果的野生树木”，所以又名“山橄榄”。尖叶杜英的果实确实像青橄榄，也是能吃的。但我们没有尝它，而是拿它来当石头玩。找一块空地，蹲着或坐着，我们玩弹球的游戏，或者是挑石子的游戏。在没有电玩的年代，我们小时候就是玩着这些游戏慢慢长大。一个巴掌，五个手指，六七粒尖叶杜英果子，手一握一张一放，尖叶杜英果子散了一地，又被手指快速按各种游戏规则挑捡起来。明珠惊叹不已，如同看魔术。我们一般是在小区中间没水的小水池底玩这个游戏，此时尖叶杜英的花已经完全没有了，春华秋实，它们变成了果子。旁边的树上仍然开着与尖叶杜英花相似的花朵，它的叶子尖细些。我赶紧查资料，原来这树叫水石榕，它与尖叶杜英同科，这才恍然大悟，怪不得它们的花如此相似。

尖叶杜英树干

尖叶杜英花

尖叶杜英的叶子

美丽的尖叶杜英常用作行道树、绿化树。它分枝紧凑，叶花果都可鉴赏或实用。而作为行道树，它具有遮荫、绿化、美化、调节温度湿度和减轻污染的作用。一般来说，噪音到70分贝以上，对人体有害，人就不能持久工作。据测定，40米宽的林带，可以降低噪音10~15分贝；绿化的街道比不绿化的街道可降低噪音8~10分贝。这样看来，尖叶杜英被安排种植在小区外围，是多么合乎时宜啊。

观察思考

1. 尖叶杜英的叶子是什么形态?

（1）轮生　（2）互生

2. 尖叶杜英成熟的果是什么颜色?

（1）白色　（2）青色

3. 说一说你最喜欢尖叶杜英的哪部分，果实、花还是叶子，为什么?

滴水观音海芋

Alocasia macrorrhiza

我对海芋的认知经历了反复的三个阶段：喜爱、恐惧、喜爱。

海芋属于草本植物，舒展的形态、阔大的绿叶，十分养眼。将它放在办公室，空间顿感大方优雅。有一年布置办公室，在花店毫不犹豫花了90元买下一棵，嫌原装花盆不配衬它的美丽，还特意从家里拿了只青花大瓶子套上去。

这棵海芋在西晒的角落里安静地待着，过了很多年，我离开这个办公室了，有时还很想念它。此后在偏僻

中文名： 海芋
拉丁学名： *Alocasia macrorrhiza*
别称： 滴水观音、广东狼毒
科： 天南星科
属： 海芋属
分布： 江西、福建、台湾、湖南、广东、广西、四川、贵州、云南等地的热带和亚热带地区广泛分布。

它的果实红色的，颗颗圆珠蜡烛似的撑着，又像雪糕筒。

的荒野郊外，处处都能见到它的踪影，一片一片地野生着，没人要的样子。

去年五月带明珠、小思去香港迪士尼玩，误了回程，于是在深圳滞留一晚，第二天清早我独自散步，在街边见到了海芋！原来它会开花，还会结果！它的果实红色的，颗颗圆珠蜡烛似的撑着，又像雪糕筒。我很惊奇。回到酒店就上网查找它的“前世今生”，当了解之后，便惊出一身汗。海芋原来有大毒，别称是“广东狼毒”，如果不小心将它的茎汁洒进眼睛，有失明的危险。想起从前每当要布置新居，我都有“到野外挖一棵海芋”的念头，而终于没有成行的事，感到十分幸庆。

此后关注到的便都是海芋的“负能量”。听母亲说从前外婆的邻居因为饥饿而挖了海芋的地下根茎煮食而全身中毒，喉咙喑哑，

被外婆救起。编辑蔡静也说，她看过曾有白领误用了海芋滴水进去过的茶杯而中毒的事件报道。而我们小区有很多海芋！旁边的小学校区也种植了不少，从门外一眼，就见到很多棵。为了预防，我教明珠辨认海芋，并告诉她海芋的毒性。于是明珠从不欣赏海芋的美丽，见到它就指着说：“有毒！”她还告诉别的小朋友。然后，她又跟我说，竟然有小朋友不相信海芋有毒。过了些天，她终于又“欣慰”地补充说，小朋友几君告诉她，她曾经撕扯过海芋的叶子，然后双手发痒极其难受。

海芋是天南星科植物。这科植物很多都有毒，包括我们吃用芋头，也有微毒。记得我们刮芋头时手掌的感觉吗？奇痒无比，那是它的草酸钙黏液令皮肤过敏。芋头一定要蒸熟食用才安全。海芋是观叶类植物，它叶子宽大程度与自身年龄及人类对它的干扰程度相关，例如人们为了欣赏它的美丽，总是施一些促叶肥料。久而久之，它也被驯化了，叶子越发可观。海芋的叶子还有一个特点，就是它会滴水。当叶内的水分太多了（或者我们浇水太勤了），叶子上的气孔就发挥调节作用，水从气孔排出又顺叶面滴下，所以又叫“滴水观音”。海芋原生于热带，那里湿润闷热，它有这种“特异功能”，也是适应自然的结果吧。

海芋的佛焰花序外面有苞片半包围着。这个苞片叫“佛焰苞”，它不含有营养，只负责保护花朵还有就是吸引媒介授粉。只要看到这种佛焰花序与苞片，可以基本认定它是天南星科植物了。

天下没有无用之物。海芋有毒，也有用。在见识了更多的有毒植物之后，我的认知已经改变，不再一味恐惧。现在还是很喜爱海芋优美的姿态，而且海芋还可以吸收甲醛等有害气体。

观察思考

1. 海芋的叶子是什么形态？

（1）轮生　（2）互生

2. 海芋成熟的果是什么颜色？

（1）白色　（2）红色

3. 找一找你家附近的海芋或与海芋相似的植物？描述它的果实、花或叶子。

这只木瓜不是那只木瓜

Carica papaya

就像番石榴与石榴是两种不同的果树一样，番木瓜与木瓜是差别很大、同时混称更严重的两种植物。《诗经·木瓜》“投我以木瓜，报之以琼琚。匪报也，永以为好也！”——你送我一只木瓜，我回赠你一块美玉，这不是还你东西，是表达我希望与你永结同好的情意啊——《诗经》里这只著名的情物“木瓜”，原产中国，蔷薇科植物，落叶灌木，果似小瓜。岭南人也称它为“海棠果”，《中国植物志》里记载它“木材坚硬可作床柱用”；而我们美食图谱里“冰糖炖木瓜”的“木瓜”，我们日常大量作美容食材的水果

中文名： 番木瓜

拉丁学名： *Carica papaya*

别称： 木瓜、番瓜、满山抛、树冬瓜、万寿果。

科： 番木瓜科

属： 番木瓜属

分布： 原产热带美洲。我国福建南部、台湾、广东、广西、云南南部等省区已广泛栽培。广植于世界热带和较温暖的亚热带地区。

"木瓜"，它的学名叫"番木瓜"，是舶来品，原产美洲。这里要写的"木瓜"就是指学名为"番木瓜"的"木瓜"。

番木瓜，因为含有丰富的营养，特别是胡萝卜素等，又叫万寿果，百益果王。番木瓜好栽种，移植半年至一年即可挂果，并且丰产，常摘常有。在广东，它太普遍了，随便一个乡村的角落，都有它的身影。2010年在吉隆坡乡村的一个华文学校旁边，一株木瓜硕果累累，陌生的主人随手一摘就赠我们几个树上熟的，黄色的木瓜剖开吃，甜美异常。在广州近郊祖上宅基地附近的旧屋地，也有很多株新老木瓜生长着，老的两棵像树一样，目测十多米高，与平常见的不一样，主干上有几个分枝，树干上布满一节节螺旋状排列的叶痕，很沧桑的样子。旁边几株约2米高，正当"壮年"，没有分支，主干顶端是伞状展开的大叶，叶子7个深裂，每裂片又羽状分裂，叶柄间分别挂着近20只番木瓜，下端的几只已经成熟。每次回去，我都见到它们散发着成长的朝气，很诱人。有意购买，每回都见不到主人。一个正午，我在这块空屋地看黄皮树和龙眼树花开，看马缨丹，也看木瓜。再三喊人，没有回应。想想母亲认识这家主人，时常与她换鸡蛋，并且是乡邻，大概可以先买后付款吧？我决定摘一只。轻轻一拧，木瓜便离开主干了，我正神圣地捧着它，忽然一条白色的射线从瓜身上喷涌而出，躲避不及。这就是传说中的"木瓜酵素"吗？未熟透变黄的青木瓜含有大量的木瓜酵素，可提纯作为"松肉粉"，是最好的蛋白质分解酵素，可以帮助人体分解肉类蛋白质。观察这些射线的喷出点，我忽然间明白了平时见的木

番木瓜，因为含有丰富的营养，特别是胡萝卜素等，又叫万寿果，百益果王。

瓜身上的点点斑痕是什么。我将这只青木瓜兴冲冲地捧回家跟母亲“汇报”，并托她转交钱。不料，正在休病的父亲听说了此事，很认真地找我谈话——他认为我不应该这样做，不问自取是十分错误的行为。他很严厉，我不服气，看我有情绪，连续两天，父亲坚持循循善诱——这木瓜的主人性情特别，一些小事就骂东骂西的，你犯不着惹她呀。父亲还说，现在的乡村跟从前不一样了，大家都不耕田了，人员构成复杂，你不能想当然呀，以后做事也是。我默默听着，心里惭愧，同时哀悼牧歌式乡村景象的消逝。我是错了。这是父亲此生对我的最后一次教导，以木瓜之名。

小区入口处也曾有一株木瓜，一米多高，亲见着它在柄间开着白色的小花，花落又结小果。然而台风在一个晚上轻轻掠过广州城，第二天早上，我便见到木瓜的几片叶柄被吹掉在地上了。木瓜的主干质软。我捡起叶柄捏捏，它是空的。之后，这株木瓜便有些蔫了。有一天，它忽然就消失了，大概是被园丁清除了。

观察思考

1. 番木瓜的叶子是什么形状?

（1）为羽状分裂 （2）圆形

2. 番木瓜成熟的果是什么颜色?

（1）青黄色 （2）紫色

3. 说一说你最喜欢番木瓜的哪部分，果实、花还是叶子？为什么?

真假连翘

Duranta repens

中文名： 假连翘
拉丁学名： *Duranta repens*
别称： 莲荞，番仔刺、洋刺、花墙刺、篱笆树、金露花
科： 马鞭草科
属： 假连翘属
分布： 原产热带美洲。国内南部均有分布。

有叫“连翘”的植物，木樨科，连翘属，它的果实是中药“银翘解毒片”的原料；也有叫“假连翘”的植物，马鞭草科，假连翘属。它们的生长形态相似，果实都可入药，但花朵差别很大，连翘花黄色，假连翘花蓝紫色。

这里说的是假连翘。作为行道篱笆，它在南方太常见了。假连翘是灌木，可长至3米高。小区东南西北每个角落都有它的身影，被修剪成低矮的间隔篱笆，约40~50厘米高。它的枝条有皮刺，叶子四季青绿，在阳光下闪闪烁烁。也有的是变种，如花叶假连翘、金边假连翘，辨认它们的方法是看叶子，叶子上有花纹的是花叶假连翘；叶子镶金边的是金边假连翘。它们都易种易活，我想这就是它们被选作绿篱大范围种植的原因。我从没有在小区见过它的花果，因为都被园丁剪掉了。植物被修剪之后，顶端优势丧失，只会不断长营养枝，常常修剪，就不会开花结果。作为篱笆，它们没有长高和开花结果的机会。在小区外，常见到高大些的假连翘，单独

在小区外，常见到高大些的假连翘，单独生长，开着蓝紫色的小花，结橙色的果子，花果一串下来，十分好看。

生长，开着蓝紫色的小花，结橙色的果子，花果一串下来，十分好看。

少时，我与小伙伴常玩一种游戏：抓一小撮路边行道树的叶子，双手合掬着拿到耳边摇晃，听叶子沙而脆的声音。福建茶的叶子最响。长大了偶尔也有顺便摘下路边几片叶子的习惯，这完全是无意识的行为。有一次听华南农业大学植物学专业李镇魁老师的讲座，震惊了。因为通过讲座我得知约有五六十种植物是有毒或促癌植物，它们是：铁海棠、红雀珊瑚、火殃勒、高山积雪、红背桂、凤仙花、假连翘、变叶木、曼陀罗、射干、鸢尾、巴豆、甘遂、千根草、狼毒、了哥王、土沉香、苏木、广金钱草、怀牛膝、石栗、山乌桕、油桐、金果榄、结香、木油桐、猪殃殃、芫花、猫眼草、续随子、细叶剪刀股、野剪刀股（多头苦菜）、阔叶猕猴桃、泽漆、红芽大戟、鸡尾木、黄芫花、细轴荛花、蜂腰榕、石山巴豆、毛果巴豆、多裂麻疯树、黄毛豆腐柴、银粉背蕨、黄花铁线莲、三棱、坚荚树、海南蒌、苦杏仁等。其中很多是小区常见的，如假连翘。它的果实鸟儿吃了没有问题，小孩误食会出现腹痛、腹泻、昏睡等不适症状，它的叶子也有毒性。于是我告诉了小区每天在假连翘丛中练习吐纳的老伯，他一听立马弹跳离开。在经历了对有毒植

物的恐惧心理之后，现在比较冷静。首先，要了解它们的特性，保持距离；其次，很多植物的毒性有一个积累阈值，在开阔而空气流通的地方，无须太恐慌；第三，尽己所能，推动科普，建议对小区有毒植物挂牌警示。

后来我没有再摘过路边的叶子，包括假连翘。害怕它有毒是原因之一，最重要的是，随着对植物知识了解得越来越多，知道它们对来自外界的伤害是有反应的。例如卷心菜受到青虫啃噬时会发出生物信号，青虫的天敌黄蜂便闻讯而来了。

对植物越了解，你便越懂得尊重它。

观察思考

1. 假连翘的叶子是什么形态？
   （1）轮生　（2）对生
2. 假连翘的果子对鸟儿有毒吗？
   （1）有　（2）没有
3. 找一找你家附近的一种绿篱，观察它的形态。

五

功用。植物并不因人而存在。而“有用”的植物得到人类最大的关注。虎尾兰仿如空气净化器，野生银杏曾贵如油，车前草是中药，香樟树成为压箱底的最佳选材，更不必说龙眼是岭南佳果而得到更广泛的人工栽培。

空气净化器
虎尾兰

Sansevieria trifasciata

中文名： 虎尾兰

拉丁学名： *Sansevieria trifasciata*

别称： 虎皮兰、锦兰、黄尾兰、岳母舌、千岁兰、孔雀兰

科： 百合科（按恩格勒系统的划分）、龙舌兰科（按哈钦松系统划分）

属： 虎尾兰属

分布： 原产非洲西部，我国各地都有栽培。

家中阳台的虎尾兰已经接近20岁了吧。我中学时代它就存在了，最早感觉到它存在是在西关旧居，它一大簇的在花盆里长着。母亲说这棵东西粗生易长。有一年我便将它分株移进办公室。后来我工作调动，不忍遗下它，就将它再分株端回自己的新家，同时再分株到新的工作室。好朋友升职，我也分株送她种植在办公桌旁。不知母亲是从哪里得来的虎尾兰，总之它在我手上就是这样一盆又一盆分种出去，生生不息。

很少照顾它。多年来，这盆虎尾

我惊奇地发现它开花了，花葶从底部抽出来，长度及叶大半，淡绿色的花蕾8个一簇，节节向上，排成总状花序。

兰基本是自生自灭的状态。这也是因为它太让人放心了，理不理它，它仿佛永远都在。分株时留意到它的茎横着伸长像根一样，根须盘结纠缠不休。虎尾兰有着挺括的长条状披针形的叶片，叶上是虎皮蛋卷般的叶纹。它就安静在一个角落里，生长缓慢，没什么变化。

7月的一个夜晚，我惊奇地发现它开花了，花葶从底部抽出来，长度及叶大半，淡绿色的花蕾8个一簇，节节向上，排成总状花序。这株虎尾兰开花，多年来是第一次。以前我以为它就是观叶植物，又可以分株无性繁殖，根本不需要开花呢。由于这次开花，我开始留意它，并查阅相关资料。原来，虎尾兰是开花植物，但它的花如铁树开花一样比较少见，以至于某地一株虎尾兰开花竟也能成为新闻被报道。

在小区30楼天台的小块荒地上，也有虎尾兰们的身影，更漂亮，多了金色的边纹，又叫金边虎尾兰。据说虎尾兰祖籍沙漠地区，能耐久旱等恶劣环境。因为其叶子有灰白和深绿相间的虎尾状横带斑纹，所以叫虎尾兰；因为生命力强大，又称千岁兰。

更厉害的是，虎尾兰是天然的空气净化器。别的植物是白天光合作用吸收二氧化碳释放氧气，晚上就进行相反的呼吸作用。虎尾兰晚上释放的氧气远超过它呼吸作用消耗的，它产生的负离子比一般植物高出30倍。资料显示：在24小时的照明下，一间约3平方米的房间，一盆虎尾兰就能吸收80%以上的多种有害气体，特别是苯、甲醛和三氯乙烯，此外它还能够清除空气中的重金属微粒。如此，虎尾兰是室内植物的优选。

与虎尾兰一样适宜放进室内的植物还有：绿萝、铁线蕨、银皇后、吊兰、文竹、发财树、仙人掌、巴西铁、芦荟、君子兰、非洲茉莉、散尾葵、白掌、常春藤、鸭脚木、富贵竹、棕竹、橡皮树。

观察思考

1. 虎尾兰的叶子是什么样的？

（1）坚硬的　（2）柔软的

2. 虎尾兰的花是什么颜色？

（1）白色或浅绿色　（2）红色

3. 你最喜欢的室内植物是什么，描述它的形态。

独孤不败 银杏树

Ginkgo biloba

中文名： 银杏

拉丁学名： *Ginkgo biloba*

别称： 白果、公孙树、鸭脚子、鸭掌树

科： 银杏科

属： 银杏属

分布： 分布在浙江、山东、安徽、福建、江西、河北、河南、湖北、江苏、湖南、四川、贵州、广西、广东、云南等地，台湾也有少量分布。

“孑遗”在《现代汉语词典》的解释是——物种经历大变故后极少量地遗留。而银杏，它是“孑遗植物”。想象一下银杏的身世吧。

约两亿七千万年前的二叠纪，银杏类植物生成。

约一亿五千万年前的侏罗纪和早白垩纪，银杏类植物达到了鼎盛时期，有五个科同时存在，除赤道没有分布，它广泛分布于世界各大洲。

约八千万年前白垩纪银杏类像其他裸子植物一样也急剧衰落，银杏科以外的银杏类植物大多绝迹。往后，银杏节节后退，先在欧亚大陆和北美高纬度地区呈环北极分布，再往后银杏在北美消失。再往后银杏在欧洲消失。

200~300多万年前的第四纪冰河时期，银杏数量继续减少，面临绝灭的危机。中国某些地区如浙江天目山一带因地理位置适合和气候温和，成为银杏的最后栖息地。

人类按“界门纲目科属种”将生物不断往下分类，银杏类植物这一纲，经过几亿年的物竞天择，最终剩下银杏这一支，它独纲、独目、独科、独属、独种，现存植物中找不到和它近缘的物种，化石记录又显示在地质历史时期确实存在着这样一类植物，银杏就这样成了“活化石”。

银杏在中国南方安静栖息，然后被发现与传播。现在世界各地的银杏都由中国直接或间接移植出去。在中国不乏数千年的银杏，我曾特意到许昌神垕镇去探望了一株据说千年以上的银杏。正值冬天，它褪尽了秋天以来金黄的叶子，三个成人合抱不来的树干只剩枝虬伸向天空，古老而神秘。银杏树生长极其缓慢，种植20年后才开始挂果，40年

银杏雌雄异株，人工嫁接和授粉的银杏种下8~10年就可收获其种子——白果。

后才丰产，如果爷爷种下树苗，到了孙子才可能收获较为丰富的果实，所以又叫“公孙树”。

我在杭州和桂林地区见到了更多年轻的银杏。在明珠说的“不用花钱买房子的小区”——乡下，我几乎每年都见到银杏。4月的一个微雨天，我撑着伞由莫老爷带着去田里看银杏树。乡邻探头问询，莫老爷回答：“这个女娃想要采访银杏树。”这里的银杏树作为经济作物被广泛种植，最老的一棵大约20岁。银杏雌雄异株，人工嫁接和授粉的银杏种下8~10年就可收获其种子——白果。再也没有比银杏更珍贵有用的植物了吧，银杏一身是宝，叶可观赏，果可食用，干可成材。站在雨中，看着年轻的银杏树，树干上一条一条的线形虫在蠕动。我抬头摘下银杏叶，看看它的叶脉吧，独特地由中心散发出去，与世界上任何植物的叶脉都不一样，它带着亿万年前的气息。它是可以代表中国的树了吧。银杏的果实白果是桂林特产之一，也被岭南人食用得出神入化，“支竹白果粥”是著名“补肺清热”的。有一年接待荷兰的同行，桌子有一碟白果，我们介绍说它有微毒每人不可进食超过7粒，那位老外先生立即惊住，他说：我已经吃了7粒了！其实是生白果不可超过7粒，熟制白果，是可以吃更多一些的。

观察思考

1. 银杏叶子的叶脉是什么样的?

（1）由中心线状延伸　（2）网格状

2. 银杏成熟的果是什么颜色?

（1）黄白色　（2）紫色

3. 说一说你最喜欢银杏的哪部分，果实、花还是叶子，为什么?

有路必有车前草

Plantago major

中文名： 车前草

拉丁学名： *Plantago major*

别称： 平车前、车串串、小车前、车轮菜子、猪耳朵棵子、车前草、五更草、田灌草，

科： 车前科

属： 车前属

分布： 全国各地广有分布。

最早认识车前草，是小学时代。有一位小伙伴家里有个大园子。一天深夜我们玩累了，她就从园子里扯来很多车前草，煮了一锅菜汤做消夜，仅是放些盐。如今回想，仍觉美味无穷，当然也可能是怀旧使然。

车前草常见于路边荒地，几乎是有路必有车前草。它不仅可以当野菜吃，也可以治病。从春秋时代到当代的药膳方书它都响当当地记录在案。《诗经·芣苢》“采采芣苢，薄言采之”描绘了一群古代的妇女在野外兴高采烈地采车前草的情景。“芣苢”就是车前草。

传说中，车前草的名字源于一个故事：汉代的将领马武不幸兵败，人与马都得了尿血症。这时马夫发现自己养的几匹马吃了一种野菜竟然好了，马夫也试着采食它，结果也好了。他跟马武报告，马武问：这种草在哪里？马夫答：就在马车前面的草地上！“好一个车前草！”马武说。于是，车前草的名字流传下来了，连同它的功效。

车前草很好辨认。它的叶呈卵形或椭圆形，直接从根部抽出七八片叶子，叶子中间抽穗，几根花茎高高指向天空。《中国植物志》记载它们夏秋开花结子。春天里，我在桂林地区的田边也见到一棵完美的车前草在开花，我一揪便将它从泥里提溜出来，放在小溪边清洗，用它的嫩叶做野菜惹味，泡茶可清热。车前草是青草茶的原料之一。植物的花果期在我的观察思考中，经常与书本记载的有出入。或许各地气候不同的缘故，植物有个体差

它的叶呈卵形或椭圆形，直接从根部抽出七八片叶子，叶子中间抽穗，几根花茎高高指向天空。

别，有偏差也正常。在冬天的小区里，我也见到了几株车前草。

那是小区的一个角落，正值冬天，里面花叶假连翘刚被齐整剪过，龙虾花美丽的踪影也不见了，只剩根叶耷拉着，日本星花只剩枯根低矮地期待明年春天的来临。几丛薇甘菊正到处冒着长，四处攀爬。在这个凋零的草丛，几株车前草贴地而长，只是样子很老。我没有拔它，穗上花柱顶上挂着椭圆形蒴果，蒴果有些熟了里面是空的，有的正端端地合着盖，车前草的种子就在里面呢，就是著名的车前子，可入药。我也曾留意到很多地方出售洋车前子壳粉，它富含纤维，加水服食能减肥，有治便秘之用。不过，这样洋车前草不是车前草，它们只是一个大族里的亲戚。

从桂林到广州，从路边到园圃，从南方到北方，从春天到冬天，时时处处可见车前草。

观察思考

1. 车前草的叶子是什么形态？

（1）轮生　（2）基生

2. 车前草成熟的果是什么形态？

（1）椭圆形　（2）五角形

3. 说一说你最喜欢车前草的哪部分，果实、花还是叶子，为什么？

花叶艳山姜

Alpinia sanderae

中文名： 花叶艳山姜
拉丁学名： *Alpinia sanderae*
别称： 彩叶姜、斑纹月桃、花叶良姜、花叶姜
科： 姜科
属： 山姜属
分布： 中国东南部至西南部各省区都有分布，亚洲热带分布很多。

多年前在吉隆坡的金马皇宫酒店初见花叶艳山姜和蝎尾蕉两种植物时，很惊叹。花叶艳山姜的叶子真美，绿底黄纹很有立体感，像油画；蝎尾蕉的花朵酷似蝎子尾巴。

回到广州后，在街上就能经常看见花叶艳山姜；而蝎尾蕉在华南植物园和一些公园才有见。这年5—9月的中饭时间，我几乎每天穿行在父母住处与公司之间。从猎德码头巴士站下车，横穿马路中间的绿化带，那里便有几丛花叶艳山姜。好几个月时间，我看着花叶艳山姜从开花到结第一次发现它开花时感觉很惊艳，它就那样碧粉爽脆，像珠子似的一串从叶间垂下。

果。第一次发现它开花时感觉很惊艳，它就那样碧粉爽脆，像珠子似的一串从叶间垂下。但我总是步履匆匆，未及拍下它的花姿。等我十多天后带了相机想拍时，发现花已经掉了，茎带着枯褐色，叶子有些风尘，又缺角，地下有些蜗牛壳。蜗牛喜欢吃它的叶子，不知为什么剩下了壳。总归，它是蔫了的样子。

花叶艳山姜原产东南亚，姜科、草本植物。姜科植物属单子叶植物，它们的种子只有一片叶子，由胚乳发育而来，这片叶子的任务是在种子发芽至生根长叶的过渡期间给种子的成长提供营养。它们的叶脉多数是平行的，叶子一般很长，例如兰花。兰科是单子叶植物里最大的一科。当后来我有机会细细端详花叶艳山姜的花瓣时，发现它与兰花的结构有些相似。然而说起相似，成语“豆蔻年华”中的豆蔻与花叶艳山姜更相似，豆蔻也是山姜属植物，花色淡

黄，果实含香，人们用它来比喻十三四的少女。豆蔻的花蕾尖端那一抹粉色，还有叶子的形态，都与花叶艳山姜极为相像，它们之间最大的区别就是，花叶艳山姜的叶子大有纹彩。

姜科植物大多数生长于热带和亚热带。它们当中有很多著名的药材，如砂仁、益智、草果、草豆蔻、姜、高良姜、姜黄、郁金、莪术等，主要功效是祛风、健胃；又有作调味品的，如姜、沙姜、草果、豆蔻等；还有作观赏的，如姜花和艳山姜。花叶艳山姜的根茎和果实也可以入药，但它更显著的特点是：叶子的观赏

价值。

小区的转角处便有一丛艳山姜，如风景般存在。有位邻居阿姨说可以拿它的叶子垫锅底蒸东西。看它这么美，我始终没有试过。有些植物，单单是外表的美丽，眼睛就满足了。

观察思考

1. 花叶艳山姜是什么植物?

（1）乔木　（2）草本

2. 花叶艳山姜成熟的果是什么颜色?

（1）紫色　（2）橘红色

3. 说一说你最喜欢哪一种植物的叶子？为什么?

文章的「樟」，香樟树

Cinnamomum camphora

中文名： 樟树

拉丁学名： *Cinnamomum camphora*

别称： 香樟、木樟、乌樟、芳樟、番樟、香蕊、樟木子、油樟、樟木，瑶人柴、栳樟、臭樟

科： 樟科

属： 樟属

分布： 中国长江以南、台湾、越南、韩国、日本均有分布，并且已被引入许多其他国家。

因为陪同明珠画画，周六的每个早上，我几乎都在附近的光孝寺流连。“未有羊城，先有光孝”。光孝寺有千年历史，内有1400年的榕树，也有不知多老的几棵樟树，它们年久日深，树干上布满苔藓。

樟树，阔大而沉着。生长在南方和西南各省。樟树高可达50米，寿命可至千年。老的樟树几人合抱不着，葳蕤一方天空。江西婺源有棵1600多年的参天古樟，它身上流传的故事像传说一样神奇；香港九龙公园有一排虬枝乱颤的百年老樟，枝干郁郁葱葱延伸向天空，遮住大半海防道；而所有的树，都有幼年期，樟树新移植碧青生翠的样子，作为行道树在杭州处处可见。樟树是杭州、南昌、无锡和贵阳等十多个城市的“市树”。

樟树四季常青，是典型的亚热带常绿乔木。春天，樟树嫩黄油亮的叶子长出来，已经长了两三年的、老的叶子悄然掉落，零星铺在树下。新枝的叶腋下，圆锥花序冒出来了，花儿是这样低调，黄绿色细小细小的花和叶片子混成一片黄绿，不近看，很难发觉。秋天到了，叶子仍然是绿色的，只是绿得暗些，花儿已经落尽，紫黑色的果子成熟了，像黑豆围成一圈，又小又多。樟树的叶子更替，花开花落都是不动声色，悄然发生的，不变的是它一树的绿。樟树终年看上去总是充满盎然生机，因而也成为了最佳的行道树种之一，也是园林景树的优选品种。

樟树的树干木纹很突出，细致大方，走向坚朗，纹路清晰，很有章采，如“章”。

樟树的“樟”字，为樟树而造的。樟树的树干木纹很突出，细致大方，走向坚朗，纹路清晰，很有章采，如“章”。因树，遂加“木”旁，“樟”便诞生了。樟树的树干坚硬，兼具防虫清香，用来打造衣柜书桌再适宜不过。有些地方用樟树做压底箱是一个古老的习惯。看，樟树，大有“文章”。

樟树“内里乾坤”是它的香气，因此别称“香樟”。樟树叶、根、枝满含芳香油，种子也含可提炼油脂。著名的商品樟脑丸，就是从樟树枝叶中提取的物质，无色透明，有清凉香味，用于防蛀虫，也用于医药和化学工业。

樟树的香恒久而芬芳，微有药味。广州帽峰山古庙附近有一片樟树林，早晨雾气中，樟树林如梦如幻。我捡拾了它的枯枝，扎成

一捆，堆放在书桌下，蚊虫无踪，据说可令书页不烂。又曾见婺源的村落摆着横切面的小樟树片向游人兜售，闻之入迷。我买过用樟木做的镇纸，上用启功书法刻着“行文显浅易”。

观察思考

1. 樟树的叶子是怎样的？

（1）冬天落叶　（2）四季常青

2. 樟树成熟的果是什么颜色？

（1）白色　（2）黑色

3. 樟树4—6月开花，10—11月结果。观察你生活的地方，寻找一棵樟树，记下你当时见到它的样子。

近在眼前的红绒球

Calliandra haematocephala

中文名： 朱缨花
拉丁学名： *Calliandra haematocephala*
别称： 红合欢、红绒球、美蕊花、美洲合欢
科： 豆科
属： 朱缨花属
分布： 热带、亚热带、台湾、南美以及中国大陆的广东、福建等地均有分布。

有一次在从许昌回广州的高铁上，我读刘华杰老师的《天涯芳草》。有一章他向读者介绍了几种丝状花的植物：红绒球、金丝桃、红千层、蒲桃、合欢。其中写到他千辛万苦查找红绒球名字的历程：在云南西双版纳初见，在北京市植物园探查，在南宁青秀山风景区再见不识，在南宁市金花茶公园又见，最后在北京海淀图书城的一本由徐颂军、李娘辉主编的《识花认草》里知道了花名，最后又查《新编拉汉英植物名称》确认这种来自南美玻利维亚的植物，它正式名字是红头朱缨花。

世上的花草何其多。一本《百科全

书》摆在你面前又与你有什么关系？如果你对事物不曾有感性认识，这些知识终归是纸上的知识，与你的生命体验始终相隔。正如《小王子》里种植的那朵玫瑰，那才是与你情感相关的玫瑰。每个人对花草的认识都带着自己的印记。我也有过日思夜想不得其名最后欣喜擒获的植物名单。而刘华杰老师上穷碧落下黄泉而得到的这个红绒球，却是近在我眼前的植物。不但红绒球，他提到的几种植物，除了金丝桃外，其他几种在我居住的小区内都可以见到。这大概就是中国南北植物景观的差异。

红绒球在广州街道两旁有很多。9月，我在巴士站等车时，旁边的红绒球正在开放，红火的一团，我没有细看。光孝寺大殿后也有

花开时呈丝状，像千万根玫红细线直指天空，气质细腻温柔，红绒球的名字应是源自它的花朵。

几株，我也没有细看。从许昌到家，小区内整排的红绒球正在参差不齐地开着，有的含苞待放，有的花球外围花丝已经绽放，有的已经蔫了。我这才第一次细细端详它，它原来这样好看，30~40朵花挤成圆球，花开时呈丝状，像千万根玫红细线直指天空，气质细腻温柔，红绒球的名字应是源自它的花朵。而它的中文名“朱缨花”则很恰当地描述了它可爱可人的外形。

值得鉴赏的还有红绒球的叶形，记住“羽状复叶”，就记住了大多数豆科植物的叶子形状了。豆科、菊科和兰科是植物界最大的三科，豆科植物叶子多是一回羽状复叶或二回羽状复叶。红绒球的叶子是二回偶数羽状复叶，每羽片具小叶5～8对，斜披针形，顶生小叶最大，长达8厘米。

小叶在叶轴的两侧排列成羽毛状称为羽状复叶。羽状复叶又因叶轴分枝的情况，可分为一回、二回、三回或多回羽状复叶。羽状复叶以小叶数目可为单数或双数，因此又分为：单（奇）数羽状复叶，小叶的数目为单数，有一顶生小叶，如紫云英、月季的叶；双（偶）数羽状复叶，小叶的数目为双数，无顶生小叶，如花生、皂荚的叶。

小区内整排的红绒球正在参差不齐地开着，有的含苞待放，有的花球外围花丝已经绽放，有的已经蔫了。

与红绒球同样是二回偶数羽状复叶的植物还有合欢，小区附近的路上就有几棵。只不过红绒球大部分是灌木，合欢是乔木。它们的叶子都两两对生，好看好认。

与红绒球花相似，拥有放射球状花丝的植物还有蒲桃和红千层。小区的蒲桃没有见它开过花，但在公园里是常见的，花丝绿白色，抚摸上去十分舒服。我吃过它的果实，味道与近年台湾进口水果“莲雾”很相似，味淡，果肉呈海绵质，略带苹果香味。事实上，“莲雾”又叫“洋蒲桃”。而小区的红千层，和白千层一样，是来自澳大利亚的植物。它已经开过花，瞧上去像一把红色的奶瓶刷子。植物之间的关系千丝万缕，从红绒球至白千层的穿越就到这里为止吧。

观察思考

1. 朱缨花叶柄上的小叶子是什么形态?

（1）轮生　（2）对生

2. 朱缨花是什么颜色?

（1）白色　（2）红色

3. 在家附近寻找和朱缨花叶子形态相似的一棵植物，观察它的叶子、花和果。

岭南佳果龙眼

Dimocarpus longan

龙眼、香蕉、菠萝和荔枝是岭南最著名的四种水果，称为“岭南四大珍果”。香蕉一年四季都结果，菠萝一年三季可结果。荔枝呢，它的品种很丰富，从农历三月份的“三月红”开始，不同品种陆续上市。盛夏的荔枝果期快过去了，马上又迎来了龙眼的隆重上市。

岭南村落的房前屋后通常都种有龙眼。龙眼种下三五年可挂果，它的寿命最长可达400多年。龙眼树一般高6~10米，如树挂满果，需要爬上树去

中文名： 龙眼
拉丁学名： *Dimocarpus longan*
别称： 桂圆、荔枝奴、亚荔枝、燕卵、圆眼、羊眼果树
科： 无患子科
属： 龙眼属
分布： 中国福建、广东、广西、云南、四川、台湾，以及越南、泰国、印尼等地均有分布。

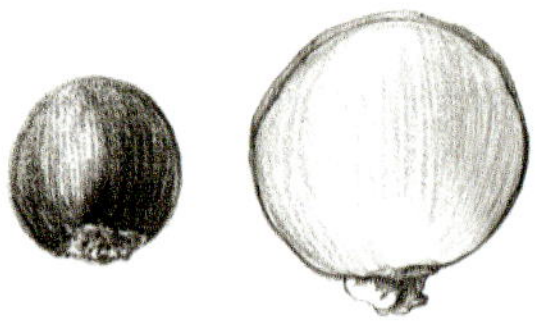

春天时它开了繁密的花朵，满树顶都是细细的、淡白、浅黄的花朵，浓香馥郁，蜜蜂常一头扎进花簇里不愿出来。

摘。近郊的乡亲多种有龙眼树，每年我们都可收到新鲜采摘下来的龙眼，有时还跑去园子里摘。龙眼挂果分大小年，即一年丰收，下一年就歉收。但无论如何，和荔枝一样，它们总是成串地密集在一起，果实累累。龙眼属于无患子科，这科植物有很多种类是有经济价值的热带果树，如荔枝、瓜拿纳、红毛丹、无患子等。我一直认为“无患子”这个词太幽默了，就是“一点都不担心没有果子”的意思嘛。——后来查了资料，发现我纯粹是望文生义了。无患子的拉丁学名Sapindus是soap indicus的缩写，意思是“印度的肥皂”，无患子厚肉质状的果皮含有皂素，只要用水搓揉便会产生泡沫。

在装修宅基地外墙期间，我看着一棵龙眼树从开花至结果。那株龙眼是邻居新植下的，树枝都很幼小，刚与人齐高。春天时它开了繁密的花朵，满树顶都是细细的、淡白、浅黄的花朵，浓香馥郁，蜜蜂常一头扎进花簇里不愿出来。龙眼的小叶4~5对，薄革质，长圆状椭圆形至长圆状披针形，两侧常不对称，长6~15厘米，宽2.5~5厘米，顶端短尖，有时稍钝头，基部极不对称，上侧阔楔形至截平，几与叶轴平行，下侧窄楔尖，腹面深绿色，有光泽，背面粉绿色，两面无毛；龙眼果近球形，比手指头略大，分三层，最外面是一层稍粗糙的黄褐色或灰黄色的外皮，中间就是人们吃的“果肉”，它实际是龙眼的假种皮，是我们人类口味追求的东西，假种皮如晒干剥下，可当零食，味甜而有药食价值，因

为产于桂花飘香的时节，又称为“桂圆肉”，最里层的那个就是圆溜溜的种子，茶褐色，可当弹珠玩，也可集齐一堆，放在一个盆子里，像养花一样，等它自然发芽，幼苗长出来时极其好看。

那株龙眼因为高度与视线平，我能将花看得比较清楚。有时见到龙眼花枝上挂了一些特别的物品，像五颜六色的经幡似的。母亲说，可能是对门的小孩子所为。邻居小孩读小学，放学回来就在龙眼树旁边的墙角摆弄捡来的石头，给石头们排队，跟它们说话，也跟龙眼树说话。可能这棵低矮的龙眼树，是孩子的“树洞”，藏着很多他的小秘密。

观察思考

1. 龙眼的叶子是什么形态？

（1）羽状复叶　（2）掌状叶

2. 龙眼的果肉是什么颜色？

（1）白色　（2）黄色

3. 你最喜欢吃哪一种岭南佳果？为什么？

各种“蕉”各种“铁”

Cordyline fruticosa

Dracaena fragrans 'Massangeana'

中文名： 金心香龙血树
拉丁学名： *Dracaena fragrans* 'Massangeana'
别 称： 金心巴西铁
科： 龙舌兰科
属： 龙血树属
分布： 广东、广西、福建、台湾等热带、亚热带地区均有栽培。

中文名： 朱蕉
拉丁学名： *Cordyline fruticosa*
别称： 红铁、铁树
科： 龙舌兰科
属： 朱蕉属
分布： 广东、广西、福建、台湾等省区均有栽培。

看山是山，看山不是山，看山还是山。据说这是认识事物的三重境界。我对小区里的某类植物的认识就历经这个过程。开花的植物好认，那些久久不开花以至忘记了它还能开花的观叶植物最难认，例如小区各个角落都有它们踪影，它们就是“铁类”植物。

叶子闪闪发亮的“红铁”不是龙血树属，它叫亮叶朱蕉。

一个微雨天，我撑着伞跟园丁虚心请教，肖师傅告诉我，这个是“巴西铁”，叶子中间有三条金边的；这个是“长叶铁”，叶子长长接近地面的；这是“也门铁”，短肥叶子的；这个是“红铁”，叶子紫红色的。这些叶子从根部抽出，一条一条放射状抽出的植物原来都是“铁”一族。那么我马上就认全这个绿化家族了，很开心。

然而有一天我疑惑了。早晨见到逆光中的“红铁”，它的叶是轻柔纸样，更像“蕉”叶，而不像硬朗的“巴西铁”叶。而且，真正的“铁树”是叫“苏铁”，它的叶子坚硬无比，它的种子坐阵铁针似的立于散开的叶群中间，整株甚是威风，马路上就有一排。苏铁雌雄异株，雌的花序矮圆形，雄的花序高圆锥形。苏铁是裸子植物，只有茎叶果实没有花，它是古老的植物。有一回我见到小区内一株“巴西铁”开花了，绿色的花朵很美，它明显是开花植物，不知为什么它又叫“铁”？我初步断定园丁对那些植物的命名可能只是行业俗称，算不得准。我也不是第一回“上当”了。

记住这事，暇时继续探索。终于让我搞清楚了。它们和“铁树”真没什么关系。现在让它们全部各归各位吧——

上面提到的苏铁以外的植物，全部归一个科：龙舌兰科。它们当中许多种类有大而漂亮的花，或有绿色而漂亮的叶子；有的龙舌兰品种可以酿造成著名的龙舌兰酒；还有的可以用来生产纤维。它们从根中直接生长出叶子，叶脉平行，叶根木质化，叶长，尖端一般有硬刺。

龙舌兰科之下，它们可以分为两类：巴西铁、也门铁、长叶铁和龙血树一样属龙血树属；逆光中透明发亮的“红铁”是朱蕉属。

巴西铁

长叶铁

亮叶朱蕉

叶子中间有几条金亮线的巴西铁，中文名叫金心香龙血树。龙血树来源于热带地区，树皮一旦被割破，便会流出殷红的树脂，如同鲜血一般，它也因此得名。龙血树类植物的红色树脂，被称为血竭，是名贵中药；而叶子闪闪发亮的“红铁”不是龙血树属，它叫亮叶朱蕉。

朱蕉根据叶子的不同，细分为含有“翡翠、紫叶、红边、细叶、娃娃、银边狭叶、绿叶和梦幻”等不同定语前缀的各种“朱蕉”。亮叶朱蕉花淡紫色，我要等着看它开花……

观察思考

1. 龙血兰科植物的叶子是什么形态？

（1）叶脉平行　（2）叶脉网状

2. 亮叶朱蕉的花是什么颜色？

（1）白色　（2）紫色

3. 说一说你身边的室内绿色植物有哪些，你最喜欢哪种，为什么？

倾靡世界的山茶花

Camellia japomica

12月下旬，小区美人树上的花掉光了，而山茶花正含苞待放。山茶花又叫茶花，来年一二月吧，正是茶花烂漫时。陶醉于绽放中的茶花之中，可曾想到茶花端庄丰盈的姿色也迷倒了17世纪的英国人？今天，世界上的茶花品种已经发展到2万多个，中国山茶品种有2000多个。茶花的园艺品种极多，观赏价值很高，在中国就有上千年的栽培史，它是中国十大名花之一，同时也是世界著名花卉。

金花茶是山茶花里最名贵的品

中文名： 山茶花
拉丁学名： *Camellia japomica*
别称： 海石榴、玉茗花、红山茶、茶花
科： 山茶科
属： 山茶属
分布： 喜马拉雅山、中国、日本、朝鲜半岛均有分布，后传遍欧美。

种。金花茶与银杉、桫椤、珙桐等珍贵的“植物活化石”齐名，是中国八种国家一级保护植物之一。它是一种罕见的古老植物，是培育杂交业多种金黄色山茶花的最优良原始材料，国外称它为“神奇的东方魔茶”，它被誉为“植物界的大熊猫”。它分布狭窄，全世界90%的野生金花茶分布于中国广西防城港市十万大山的兰山支脉一带，通常在海拔200~500米的地方能看见它们。20世纪60年代中国科学工作者在广西南宁一带发现金花茶。它的发现轰动了全球园艺界、新闻界，受了国内外园艺学家的高度重视。

山茶花得到今天的声誉，与人类对美丽花朵的强烈爱慕与追求分不开。一般植物的传播，靠风力、昆虫，甚至水力，而茶花、月季、牡丹等国色天香的靓花，却是依靠人类的审美和占有欲望的驱动而传遍全世界。随着15世纪欧洲航海技术的拓展，中国在内的神秘东方世界引起了欧洲人的强烈兴趣。首先是茶叶被源源不断地输进英国，其次是那些被描绘在墙纸上的梅、兰、菊、竹，还有茶花，引起了西洋人无限的想象，对他们产生了极大的诱惑。于是一

这种植物二月开花，非常漂亮，有些单瓣，呈深红色，有些呈白色且带些条纹，有时也有重瓣的。

批批的“植物猎人”从欧洲出发了，他们前赴后继，历尽艰辛地从中国寄回标本与种子，一批批本土的欧洲园丁和植物爱好者充满激情地呵护培育这些来之不易的中国植物。第一个植物采集者英国皇家学会会员詹姆斯·贝迪瓦依靠他的搭档昆宁汉姆从中国厦门采回的植物标本，出版了带有山茶图的插图集子，并这样描绘山茶花：

“这种植物二月开花，非常漂亮，有些单瓣，呈深红色，有些呈白色且带些条纹，有时也有重瓣的。中国人和日本人喜欢将它们种在花园里以供观赏。布满鳞苞的小花蕾像个球果；栗子一般大小的果实呈三角形；厚厚的木质层下一些种子整齐排列形成三个子房室。”[①]——今天，我将摘来的山茶花蕾对照这段文字，他的描写可谓翔实生动。

山茶花大概是人工干预最多的花卉之一。根据雄蕊的瓣化、花瓣的自然增加、雄蕊的演变和萼片的瓣化等，茶花可分为3大类、12个花型。植物开花本有其目

金花茶

茶花

越南抱茎红茶花

①简·基尔帕特里克：《异域盛放——倾靡欧洲的中国植物》（俞蘅译），南方日报出版社，2011年版。

陶醉于绽放中的茶花之中，可曾想到茶花端庄丰盈的姿色也迷倒了17世纪的英国人？

的，并遵循能量守恒规律。茶花这方面的“灵活”表现得很突出，例如茶花雄蕊可退化变成多重花瓣，但一般就不结果了；结果的山茶，花多是单瓣。我们小区这一排茶花去年就开过，多姿多彩。广州帽峰山沁园酒店附近有个“茶园”，冬天的茶花绽放，也是多姿多彩。

我们曾无数次亲近茶花芳泽。它们都是观赏类重瓣茶花。而有另外一些山茶属的品种，如油茶，是专采其籽榨油用的，叫茶花籽油或茶油，因为它的营养结构与号称最“健康”的地中海橄榄油成分相似，日益受到人们的青睐。多年来，每逢我出差湘西等山区，必捎回茶籽油。

山茶科植物原来是这样优秀的物种啊，出得厅堂，入得厨房。

观察思考

1. 山茶花叶子是什么形态？

（1）轮生　（2）互生

2. 山茶花的果实可以做什么？

（1）榨油　（2）水果

3. 说一说你最喜欢的山茶花，描述它的样子。

大自然的礼物——艾草

Artemisia argyi

中文名： 艾草

拉丁学名： *Artemisia argyi*

别称： 冰台、遏草、香艾、蕲艾、艾、灸草、医草、艾蒿、艾绒、艾叶

科： 菊科

属： 篙属

分布： 除极干旱与高寒地区外，几乎遍及全中国。

艾草是我们中国古老的药草。但数年前我对它一无所知，直到2009年有幸认识韩国的勇伯先生，编辑了他的大作《艾灸养生书》。从此我便与艾草结下不解之缘。通过口授分享，这些年，不知不觉也将艾灸传至除了非洲和南极洲之外的世界各地朋友，彼此都获益匪浅。

钱锺书先生曾说如果吃到一只好鸡蛋，不必去找寻生鸡蛋的母鸡。意思是说，读他的大作便足够了，不必找他。对艾草，我确实是从鸡蛋倒找到母鸡了，认知顺序是这样的：艾灸、艾条、艾草。

艾灸，是用燃烧的艾叶香熏和热气，给人体的主要经络和穴位以适切的温热和香熏刺激，引发人体自然调节机能，达

艾叶在端午节前后采摘最佳，“端午时节草萋萋，野艾茸茸淡着衣”，这个时节是艾草生长的旺盛期。

成身体阴阳平衡，促进人体免疫自生力和治愈力，它是中国传统自然疗法。中医圣典《黄帝内经》中就有“一针二灸三药”“针所不为，灸之所宜”“大病宜灸”的记载。

艾灸的用料是经过制作的艾草干品，艾草晒干捣碎制成条，通称为“艾条”，入药用。全国药店有售。《本草纲目》曰：“艾叶产于山阳，采以端午，治病灸疾，功非小补。”

艾草是多年生草本植物，菊科蒿属。在北半球，艾草约有300多种。它遍布于中国的大江南北，粗生野长。我曾在陕西的华山、阳朔的月亮山、广州的郊外见到生机葱绿的野生艾草在风中亭亭而立，颇有空谷幽兰自香之况。也在许昌的冬天里专门寻找正结果半枯中的野外艾草。我家中阳台，也有一盆野生的艾草，是我在近郊移植所得。

“艾”英语作“mugwort”，词意为“魔法师的药草”。艾草含有丰富的人体所需的有益营养成分，特别是维生素A、B1、B2、C及铁质、钙、钾、磷等各种矿物质，是天然的碱性食品，古医书称艾叶是“万病能治，百灸无病”的神仙药草。

艾叶在端午节前后采摘最佳，“端午时节草萋萋，野艾茸茸淡着衣”，这个时节是艾草生长的旺盛期。艾草也是纯阳之物，民间多用此物来驱邪逐鬼。新鲜的艾草，掐其嫩叶，撮其液汁，可以做成可口的艾糍饼，亦可做汤，祛风暖胃和气，最适合女士食用。

“在北半球的自然分布中，艾草约有300种，其中韩国约有39种。中国、韩国、日本等东北亚阳光丰富的清净海岸生长的山野艾叶药效大都很好。”①

①林勇伯：《艾灸养生书》，花城出版社，2010年版。

自从阳台种植只担当欣赏功能的艾草以来，我得以摒除对艾草的实用功利主义，时常欣赏到它作为本草的美丽姿态：多年生，每年都焕发新叶；茎单生，有短的分枝，枝长3~5厘米，营养不够时会变得纤弱；茎、枝均有灰色蛛丝状柔毛；叶厚纸质，上面有灰白色短柔毛，羽状深裂，呈椭圆形、长椭圆状披针形、披针形或线状披针形；头状花序椭圆形。我喜欢偶尔捏起它的枯叶到鼻下深嗅，味道芳香。每当此时，我便想，艾草应是上天赐给人间的一株人人可亲近的神仙草。

观察思考

1. 艾草的叶子是什么形状?

（1）肾形　（2）羽状深裂

2. 艾草是什么科的植物?

（1）菊科　（2）豆科

3. 说一说你对艾草的认识，并将它描画出来。

后记

这本书献给我的父亲。他是一位平凡而了不起的男人。2013年，对于我们全家来说，都是内心悲痛难言的日子，这是父亲生命中的最后一年。我早就知道人生会有很多的无奈，而直面至亲的离去，是第一次。

记得父亲手术后半年复查。我们在香港圣德勒撒医院详细听取医生的报告。出来，耀眼的阳光洒照在九龙城的旧街上，斑斑驳驳。我独自步行回父亲休息的尖沙咀日航酒店，不知道如何面对父亲充满生存渴望的眼睛。中途我拐进了香港理工大学。校园里植物很多。每棵树上都挂有名字，我用手机一棵一棵拍呀，拍呀。原来在广州常见的阔大叶子有黄色果子的那种树叫印度榕。我用高难度的动作拍了园内最高大的非洲楝树，然后坐在杜鹃花旁的路基上。我抬头望了一眼白云朵朵的天空，在人来人往的校园，伏膝恸哭起来。医生说父亲最多只有三个月。

如常生活。尽力，和陪伴，我们努力过好每一天。父亲说自己没有遗憾。而我们有。父亲不要我们伤心。“你们都要愉快而健康地活下去。”他说。

这一年，我跑步。我更加认真地观察身边的植物。看花开花落，看草长莺飞，看树枯树荣，看大自然能告诉我什么。

要感谢很多人。当我在微信上发表第一则植物志时，广州日报北京站的龙迎春女士给我最早的肯定；广东新世纪出版社副社长王清女士和编辑秦文剑，她们凭着敏锐的直觉迅速跟我约稿，随后的饭聊，让我见识了她们专业的编辑素养；一个加班后的晚上，我正在地摊上和江湖朋友闲扯，林贤治老师路过，我跳起来跟他分享观察植物的爱好，他大大地鼓励了我一番；资深编辑蔡静介绍了年轻友好的插图师给我们；广东科技出版社的区碧茹女士和罗孝政常常提供学习资料；《中国之韵》杂志主编俞悦美女在书名未定时就爽快答应了题字（后来出版社认为书名较长不宜手题）；小朋友楚楚、明珠和加加，他们对植物“十万个为什么”是我进步的阶梯。特别感谢华南农业大学林学院的李镇魁教授为本书作序，并做了审校工作。最后还有微信朋友圈长期点赞和留言的朋友，麦小麦、苏静、刘颖、茶玫、夏菁、朱朱等等（挂一漏万），你们让我了解到,你们也热爱生活，热爱植物。大家，在一起。

这本书，也献给走过了2013年的2014年。含着泪，也要奔跑，这是新的开始。

展敏

2014年春

花草照片墙

巴西野牡丹
长春花
长寿花
巢乌蕨
大蓟
杜鹃花
杜鹃山茶花
芙蓉菊
海棠
红花继木
红花银桦
红千层
红尾铁苋
胡萝卜
黄槐
鸡冠花
假马鞭草
金红花
金樱子
桔梗
蓝吊钟
老鼠瓜
龙船花
龙吐珠
玫瑰海棠
米兰
牡丹
木芙蓉
木槿
木兰花
南瓜花
南天竹
茑萝
柠檬
牵牛花果实
琴叶珊瑚